Beitrag zur Qualitätssicherung beim in-situ Tape-Legen komplexer Laminate

Contribution to Quality Assurance in In-situ Tape Laying of Complex Laminates

Von der Fakultät für Maschinenwesen
der Rheinisch-Westfälischen Technischen Hochschule Aachen
zur Erlangung des akademischen Grades eines
D o k t o r s d e r I n g e n i e u r w i s s e n s c h a f t e n
genehmigte Dissertation

vorgelegt von

Clemens Buschhoff

Berichter/in:

Univ.-Prof. Dr.-Ing. Christian Brecher
Univ.-Prof. Dr.-Ing. Christian Hopmann

Tag der mündlichen Prüfung: 16. Dezember 2021

ERGEBNISSE AUS DER PRODUKTIONSTECHNIK

Clemens Buschhoff

Beitrag zur Qualitätssicherung beim in-situ Tape-Legen komplexer Laminate

Herausgeber:
Prof. Dr.-Ing. T. Bergs
Prof. Dr.-Ing. Dipl.-Wirt. Ing. G. Schuh
Prof. Dr.-Ing. C. Brecher
Prof. Dr.-Ing. R. H. Schmitt

Band 9/2022

WZL | RWTHAACHEN UNIVERSITY

Fraunhofer
IPT

Bibliografische Information der Deutschen Nationalbibliothek
Die Deutsche Nationalbibliothek verzeichnet diese Publikation in der Deutschen Nationalbibliografie; detaillierte bibliografische Daten sind im Internet über https://portal.dnb.de abrufbar.

Clemens Buschhoff:

Beitrag zur Qualitätssicherung beim in-situ Tape-Legen komplexer Laminate

1. Auflage, 2022

Gedruckt auf holz- und säurefreiem Papier, 100% chlorfrei gebleicht.

Apprimus Verlag, Aachen, 2022
Wissenschaftsverlag des Instituts für Industriekommunikation und Fachmedien an der RWTH Aachen
Steinbachstr. 25, 52074 Aachen
Internet: www.apprimus-verlag.de, E-Mail: info@apprimus-verlag.de

Druck: CPI Druckdienstleistungen GmbH, Ferdinand-Jühlke-Straße 7 I 99095 Erfurt

ISBN 978-3-98555-047-0

D 82 (Diss. RWTH Aachen University, 2021)

Vorwort

„Das Ganze ist mehr als die Summe seiner Teile.“

(Aristoteles, * 384, † 322 v. Chr.)

Die vorliegende Dissertation entstand neben meiner Tätigkeit als wissenschaftlicher Mitarbeiter am Fraunhofer-Institut für Produktionstechnologie IPT in Aachen.

Ich danke Herrn Prof. Dr.-Ing. Christian Brecher für die wissenschaftliche Betreuung und das entgegengebrachte Vertrauen, dieses Thema umsetzen zu dürfen. Herrn Prof. Dr.-Ing. Christian Hopmann möchte ich für die Übernahme des Koreferats danken, Herrn Prof. Dr.-Ing. Reinhold Kneer danke ich für den Vorsitz der Prüfungskommission.

Danken möchte ich meinem ehemaligen Vorgesetzten Herrn Dr.-Ing. Henning Janssen für die umfangreichen gestalterischen Freiräume und das weitreichende Vertrauen bei der Leitung und Durchführung vielfältiger und spannender Industrie- und Forschungsprojekte. Durch diese konnte ich wichtige Erfahrungen sammeln, von denen ich bis heute profitiere.

Ein großes Dankeschön gilt meinen ehemaligen Kollegen am Fraunhofer IPT, die mich auf vielfältige Weise fachlich und persönlich unterstützt sowie motiviert haben. Dies gilt insbesondere Dr.-Ing. Alexander Brack und Dr.-Ing. Tido Peters für die Durchsicht meines Manuskripts mit den wertvollen Hinweisen und Anregungen. Des Weiteren bedanke ich mich bei Dr.-Ing. Alexander Kermer-Meyer für die geleistete Vorarbeit. Bedanken möchte ich mich weiter bei Lutz Beegen für seine Konstruktionsleistungen und Tim Nagel für die elektrotechnische Unterstützung, die eine wichtige technische Grundlage für einige der nachfolgenden Untersuchungen waren.

Zudem bedanke ich mich bei meinen Master-, Bachelor-, und Projektarbeitern sowie wissenschaftlichen Hilfskräften, die mich mit großem und sehr guten Leistungen tatkräftig unterstützt haben. Hervorheben möchte ich Marcel Wegener, Florian Bartholomäus, Sankan Celik, Benjamin Schönfuß und Alexander Gliem. Weiterhin möchte ich mich bei den Kollegen aus der mechanischen sowie elektrischen Werkstatt für die Inbetriebnahme der Prüfstände bedanken.

Auch meinen Freunden möchte ich danken, die mich im Urlaub, in der Freizeit oder beim abendlichen Beisammensein auf neue, kreative Ideen gebracht haben.

Weiterhin gilt mein Dank meiner ganzen Familie und insbesondere meinen Eltern, die mich schon während meines Studiums immer unterstützt haben und mir auch bei der Entstehung dieser Arbeit immer zur Seite standen. Meiner Lebensgefährtin Julia Haefele, die mich moralisch unterstützt hat und in schwierigen Situationen immer motivierende Worte gefunden hat, gilt ein besonderer Dank.

Köln, im Januar 2022 Clemens Buschhoff

Kurzfassung

Der Klimawandel und die daraus resultierenden ambitionierten Klimaziele zur Reduktion von CO_2-Emissionen stellen insbesondere den Verkehrssektor vor eine Herausforderung. In der Nutzungsphase beeinflusst die Masse den Energiebedarf eines Fahrzeugs in entscheidendem Maße. Die Elektromobilität verstärkt diesen Trend, da Batteriegewichte kompensiert und die Reichweite maximiert werden müssen. Daher ist Leichtbau in der Entwicklung neuer Produkte ein vielfach gefordertes Kriterium. Faserverbund-Kunststoffe ermöglichen hier Leichtbauteile mit hohen mechanischen Eigenschaften. Die Herausforderung liegt dabei in einem effizienten Fertigungsprozess.

Mit dem in-situ Tape-Legen ist es möglich, unidirektional faserverstärkte Thermoplast-Tapes last- und gewichtsoptimiert abzulegen und somit Bauteile sowohl generativ als auch automatisiert herzustellen. Thermoplastische Matrixsysteme sind hierbei sehr vielversprechend. Das Tape-Legen kann unter anderem mit bereits ausgereiften Technologien, wie dem Spritzgießen, kombiniert werden.

Um die Technologie vermehrt anzuwenden, ist eine Auseinandersetzung mit den qualitätsbeeinflussenden Faktoren notwendig. Bislang wenig beachtete Faktoren sind die Eigenschaften des zu verarbeitenden Tapes. Durch schwankende Tape-Qualitäten und laterale Kurvenbahnen entstehen Defekte in Form von Faserwellungen und Fehlstellen.

In dieser Arbeit wird daher das Tape-Legen von lateralen Kurvenbahnen untersucht. Dazu werden zunächst die Einflussfaktoren auf die Qualität beim Tape-Legen definiert und auf die Beeinflussbarkeit hin untersucht. Auf dieser Basis werden zwei Ansätze zur Qualitätssicherung entwickelt. Mit der Modifizierung des Tapes vor Ablage von Kurvenbahnen wird die Laminatqualität bei kurvigen Pfaden verbessert. Darüber hinaus wird mit einer in-Prozess Tape-Überwachung das eingehende Tape geprüft, wodurch sich der Tape-Lege-Prozess entsprechend anpassen und regeln lässt. Für beide Ansätze werden Module entwickelt, welche sich in bestehende Produktionssysteme integrieren lassen. Schließlich wird der Nachweis erbracht, dass mit den entwickelten Modulen Kurven mit größeren Winkeln, engeren Radien und breiteren Tapes als bisher realisierbar sind. Zudem ist auch eine kontinuierliche Erfassung charakteristischer Tape-Eigenschaften möglich.

Abstract

Climate change and the resulting ambitious climate targets for reducing CO_2 emissions pose a challenge to the transport sector in particular. In the use phase, mass has a decisive influence on a vehicle's energy requirements. Electromobility reinforces this trend, as battery weights have to be compensated and range maximized. Therefore, lightweight construction is a frequently demanded criterion in the development of new products. Here, fiber-reinforced composites enable lightweight components with high mechanical properties. The challenge here lies in an efficient manufacturing process.

With in-situ tape laying, it is possible to lay down unidirectional fiber-reinforced thermoplastic tapes in a load- and weight-optimized manner and thus to manufacture components both generatively and automatically. Thermoplastic matrix systems are very promising in this respect. Tape laying can be combined with already mature technologies such as injection molding, among others.

In order to increase the use of the technology, it is necessary to address the factors that influence quality. Factors that have received little attention so far are the properties of the tape to be processed. Fluctuating tape qualities and lateral curve paths result in defects in the form of fiber corrugations and flaws.

This paper therefore investigates the tape laying of lateral curved paths. To this end, the factors influencing the quality of tape laying are first defined and examined to determine whether they can be influenced. On this basis, two approaches to quality assurance are developed. By modifying the tape before laying down curved paths, the laminate quality is improved for curved paths. In addition, in-process tape monitoring is used to inspect the incoming tape, allowing the tape lay-up process to be adjusted and controlled accordingly. Modules are being developed for both approaches, which can be integrated into existing production systems. Finally, it will be demonstrated that the developed modules can be used to realize curves with larger angles, tighter radii and wider tapes than before, as well as to continuously record characteristic tape properties.

Inhaltsverzeichnis

Content

Formelzeichen und Abkürzungsverzeichnis

Formula Symbols and Abbreviations

Formelzeichen	Einheit	Beschreibung
A	m²	Fläche
a_i		Geometriefaktor für Profilhöhe
A_i		Auflösung eines Messsystems
b_i		Geometriefaktor für Profilbreite
B_T	mm	Tape-Breite
c	N/mm	Federkonstante
C_g		Wiederholpräzision
C_{gk}		Fähigkeitskennwert
$C_{1,2,3}$		Konstanten
D_h	%	Autohäsionsgrad
D_{ic}	%	Direkter Lagenkontaktanteil
D_T	mm	Tape-Dicke
ΣE		Quadratische Abweichungen bei den Messungen pro Teil
EV		Wiederholpräzision (engl. Equipment Variation)
F_A		Andruckkraft
f_M	Hz	Messfrequenz
G	N/mm²	Schubmodul
h	mm	Auslenkung der dynamischen Umlenkrolle
$\dot{h}$	mm/s	Geschwindigkeit der dynamischen Umlenkrolle
k		Laufvariable
$k_{M,l}$		Korrekturfaktor Breitenschwankungen Tape
$k_{M,v}$		Korrekturfaktor Dickenschwankungen Tape
l_A	mm	Andrucklänge
$L_{außen}$	mm	Weglänge Außen
L_{innen}	mm	Weglänge Innen
L_m	mm	Mittlere Weglänge zwischen dyn. Stützstellen
$L_{Prozess}$	mm	Prozesslänge

Formelzeichen	Einheit	Beschreibung
L_S	mm	Speicherlänge
L_1	mm	Länge der Tape-Kante 1
L_2	mm	Länge der Tape-Kante 2
ΔL	mm	Weglängenunterschied
ΔL_{Kelvin}	mm	Viskoelastischer Weglängenunterschied
ΔL_{korr}	mm	Korrigierter Weglängenunterschied
M_l	mm	lateraler Messbereich
M_v	mm	vertikaler Messbereich
n		Laufvariable
p	Pa	Druck
PV		Teilestreuung (engl. Part Variation)
$\dot{Q}_{SH}$	W	Eingekoppelter Wärmestrom
R	mm	Radius
Ra		Arithmetischer Mittelwert der Rauheit
RE		Messgerät-Auflösung
%R&R	%	Gesamtstreuung des Messsystems (engl. Repeatability & Reproducibility)
r_1	mm	Abstand von Tape zu Laserscanner
r_2	mm	0,5 * Scheitelhöhe des Tapes
r_3	mm	Lateraler Versatz von Tape-Mitte zum Laser
r_4	mm^{-1}	Tape-Breiten-Faktor
$r_{4,erm}$	mm^{-1}	Ermittelter r_4-Wert
r_{tip}	µm	Spitzenradius eines Messtasters
S	N/mm²	Verbindungsfestigkeit
S_∞	N/mm²	Endgültige Verbindungsfestigkeit
s_E^2		Varianz/ Streuung des Messmittels
s_T^2		Varianz/ Streuung der Teile
s_g		Wiederhol-Standardabweichung
T	°C	Temperatur
T_i	mm	Toleranz
t	s	Zeit

Formelzeichen	Einheit	Beschreibung
t_{Bel}	s	Belichtungszeit
$\bar{t}_{IC}$	s	Kennwert Kontaktzeit
t_L	s	Lagenkontaktzeit
t_R	s	Reptationszeit
t_W	s	Schweißzeit
U_i	mm	Messunsicherheit
$u_{lin,Breite}$		Linearitätsabweichung Tape-Breite
$u_{lin,Dicke}$		Linearitätsabweichung Tape-Dicke
v	mm/s	Ablegegeschwindigkeit
VT		Wechselwirkung von der Streuung des Messsystems und der Streuung in den Teilen
Wa		Arithmetischer Mittelwert der Welligkeit
w_i		Geometriefaktor für Spaltbreite
$\bar{x}_i$		Mittelwert der Messungen pro Teil
$\bar{x}$		Gesamtmittelwert der Messungen
$\bar{x}_g$		Mittelwert der Fähigkeitsmessung
α		Absorptionskoeffizient
β_k	°	Kegelwinkel des Messtasters
$\eta(T)$	Pas	Faser-Matrix-Viskositiät
θ	°	Kippwinkel
λ_c	µm	Kurzwelliger Profilfilter
λ_f	µm	Langwelliger Profilfilter
π		Pi
$\Delta\tau$		Schubspannungsdifferenz
Φ	°	Ablegewinkel
$\Phi_{e,H}$		Heizquellenstrahlung
φ	°	Anstellungswinkel der statischen Umlenkrollen

Abkürzung	Beschreibung
AFP	Automatisiserte Faser Ablage (engl. Automated Fiber Placement)
ANOVA	Balancierte einfache Varianzanalyse (engl. Analysis of variance)
ATL	Automatisierte Band Ablage (engl. Automated tape laying)
CF	Kohlenstofffaser (engl. Carbon fiber)
CO_2	Kohlenstoffdioxid
DLR	Deutsche Institut für Luft- und Raumfahrt
FE	Finite Elemente
FVK	Faserverstärkte Kunststoffe
HT	Hochfest (engl. High tenacity)
IR	Infrarot
IVW	Institut für Verbundwerkstoffe der Universität Kaiserslautern
MSA	Messsystemanalyse
NC	Numerische Steuerung (engl. Numerical control)
Nd:YAG-Laser	Neodym-dotierter Yttrium-Aluminium-Granat Laser
NLR	Niederländische Luft- und Raumfahrtlabor
OSG	Obere Spezifikationsgrenze
PA12	Polyamid 12
PEEK	Polyetheretherketon
PP	Polypropylen
PPS	Polyphenylensulfid
PrePreg	Vorimprägniertes Textil (engl. Preimpregnated materials)
Q.I.T.T.	Qualitätsindex für thermoplastische Tapes (eng. Quality Index Thermoplastic Tapes)
SDK	Software Developer Kit
SPS	Speicherprogrammierbare Steuerung
UD	Unidirektional
USG	Untere Spezifikationsgrenze

Abkürzung	Beschreibung
VSL	Laminat variierender Steifigkeit (eng. Variable-stiffness laminate)

1 Einleitung

Leichtbau ist in der Entwicklung neuer Produkte ein vielfach gefordertes Kriterium, wodurch die Produktleistungsfähigkeit verbessert und neue Einsatzbereiche erschlossen werden können. Besonders wichtig ist eine leichte Bauweise bei bewegten Massen, weshalb der Flugzeugbau Ursprung vieler Leichtbauweisen ist. Gewichtseinsparungen führen zu direkten Effizienzsteigerungen, welche sich in gesteigerten Nutzlasten, verlängerten Reichweiten und verringerten Betriebskosten widerspiegeln.

Im Kontext der steigenden Anforderungen an Bauteilleistungsfähigkeit und Gewicht, rücken neue Werkstoffe vermehrt in den Fokus. Faserverbund-Kunststoffe (FVK) ermöglichen Leichtbauteile mit hohen mechanischen Eigenschaften und sind eine attraktive Alternative zu metallischen Werkstoffen. Aufgrund hoher Material- und Fertigungskosten erfolgt die breite Anwendung jedoch nur schleppend. Technologisch können die Hemmnisse gemindert werden, zum Beispiel durch die Steigerung der Prozessstabilität und einer Reduktion von Prozessschritten.

Mit der Entwicklung des Tape-Legens ist es möglich, unidirektional faserverstärkte Prepreg-Tapes last- und gewichtsoptimiert abzulegen und somit Bauteile sowohl generativ als auch automatisiert herzustellen. Das Verfahren hat sich mittlerweile zur Fertigung großer struktureller Bauteile in der Luft- und Raumfahrt durchgesetzt. Als Weiterentwicklung von primär verwendeten Duroplasten sind thermoplastische Matrixsysteme sehr vielversprechend und bieten ein hohes Potential. Die Verarbeitung ist einfacher und bereits ausgereifte Technologien, z. B. Spritzgießen, können mit dem Tape-Legen kombiniert werden. Aber auch für thermoplastische Tapes sind Herausforderungen für eine breite Anwendung zu meistern.

Die Vielfalt an Materialkombinationen und fehlende Standards für Tapes führen zu aufwendigen Prozessuntersuchungen, und schwankende Tape-Qualitäten wirken sich direkt auf das Bauteil aus. Ebenso sind die realisierbaren Bauteilgeometrien durch die bisherigen verfügbaren Technologien begrenzt. Die Ablage und Erzeugung komplexer Geometrien bedarf in vielen Fällen Tape-Bahnen mit lateralen Kurven. Bereits bei großen Kurvenradien und der Verwendung schmaler Tapes entstehen Defekte in Form von Faserwellungen und Fehlstellen. Die Qualität Tape-gelegter Bauteile ist somit verbesserungsfähig.

Diese Dissertation hat zum Ziel, einen Beitrag zur Qualitätssicherung beim in-situ Tape-Legen zu liefern. Mit einer Konditionierung des Tapes wird die Laminatqualität bei kurvigen Pfaden verbessert. Darüber hinaus wird mit einer in-Prozess Tape-Überwachung das eingehende Tape geprüft, wodurch sich der Prozess entsprechend anpassen und regeln lässt.

Introduction

In the development of new products, lightweight design is a frequently demanded criterion, which improves performance and opens up new areas of application. Lightweight design is particularly important for moving masses, which is why aircraft manufacturing is the origin of many lightweight methods. Weight savings lead to direct increases in efficiency, which are reflected in increased payloads, extended ranges and reduced operating costs.

In the context of the increasing demands on component performance and weight, new materials are increasingly coming into focus. Fiber-reinforced plastics (FRP) enable lightweight components with high mechanical properties and are an attractive alternative to metallic materials. Due to high material and manufacturing costs, however, their broad application is slow-growing. Technologically, the obstacles can be reduced, for instance by increasing process stability and reducing process steps.

With the development of the tape laying systems, unidirectional fiber-reinforced prepreg tapes can be placed in a load- and weight-optimized manner and thus components are produced both generatively and automatically. The process has meanwhile become established for the production of large structural components in the aerospace industry. As an advancement of primarily used thermosets, thermoplastic matrix systems are very promising and offer a high potential. Processing is simpler and mature technologies, e.g. injection molding, can be combined with tape laying. But also for thermoplastic tapes challenges for a wide range of applications have to be mastered.

The variety of material combinations and missing standards for tapes lead to complex process investigations and fluctuating tape qualities have a direct effect on the component. Manufacturable component geometries are also limited by the technologies available to date. In many cases, the creation of complex geometries requires non-geodesic tape paths. Even with large curve radii and the use of narrow tapes, defects occur in the form of fiber waviness and misalignment. The quality of tape-laid components can therefore be improved.

The aim of this dissertation is to contribute to quality assurance in in-situ tape laying. By conditioning the tape, the laminate quality is improved for curvy paths. In addition, in-process tape monitoring is used to check the incoming tape, enabling adaptive process control.

2 Stand der Technik in Forschung und Industrie

State of the art in research and industry

Die Kombination von mehreren Grundwerkstoffen ermöglicht neue und verbesserte Werkstoffe. Diese so genannten Verbundwerkstoffe bestehen aus mindestens zwei Komponenten [LENG14]. Hierbei stellt eine Kombination aus Fasern und Matrix die Faserverbundkunststoffe (FVK) dar. Bezüglich der erzielbaren Leistungsfähigkeit eines FVK-Bauteils sind die Materialkomposition und das Herstellungsverfahrens Einflussfaktoren mit großer Wirkung, siehe Bild 2.1.

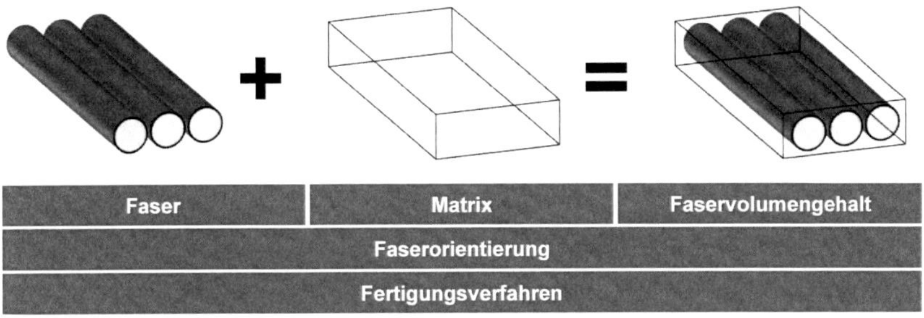

Bild 2.1: Einflussgrößen auf die Eigenschaften faserverstärkter Werkstoffe [KERM15]

Influencing factors on properties of composite materials

Jeder Herstellungsschritt beeinflusst dabei die Steifigkeits-, Dämpfungs- und Masseneigenschaften des FVKs aufgrund der Faservolumenanteile, der räumlichen Faserverteilung und der Faserorientierungen. Aber auch die Laminat- und Bauteilqualität sind von den Herstellungsschritten abhängig.

Bei FVK wird das Bauteil und das Material simultan geschaffen, folglich ist eine Produktinnovation nicht ohne Prozessinnovation möglich [CHAT15]. Somit sind Material, Bauteilgeometrie und der Herstellungsprozesse untrennbar miteinander verflochten [BADE02]. Um diese Sensibilität und Vielzahl an Material- und Verarbeitungsmöglichkeiten einzufangen, ist eine umfassende Design-Methodik nötig [KARA92]. Im Gegensatz zu der traditionellen Gestaltung monolithischer Teile ist eine Auswahl des entsprechenden Herstellungsprozesses nachträglich nicht möglich [GAND90]. Folglich wird zur Bauteilauslegung aus FVK nicht nur ein Verständnis über die Materialeigenschaften benötigt, sondern ebenfalls über die Herstellung und Verarbeitung [SAPU14], siehe Bild 2.2. Parallele Produktentwicklungsansätze, auch als Simultaneous Engineering bekannt, berücksichtigen diese Wechselwirkungen [BREU14].

Mit dieser Vorgehensweise werden produktionsinduzierte Änderungen reduziert und die Entwicklungszeit wird ebenfalls verringert. Anstelle von hintereinander folgenden Entwicklungsschritten werden diese überlappt und iterativ vorangetrieben. Der simultane Entwicklungsansatz ist bei Produkten aus FVK notwendig und es werden folgend die drei Facetten (Material, Auslegung und Herstellung) und deren Wechselwirkungen beschrieben.

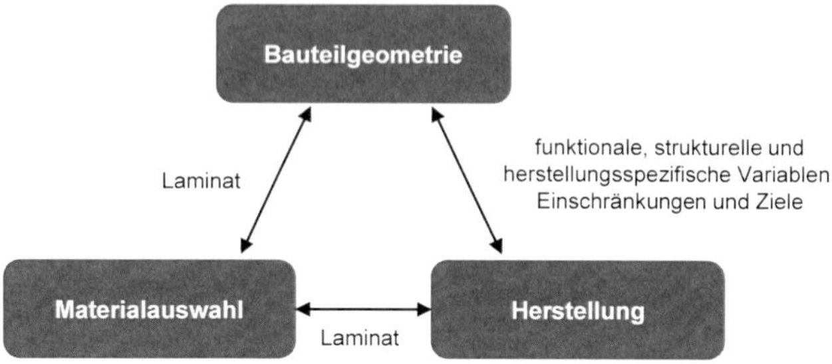

Bild 2.2: Wechselwirkungen der Einflussfaktoren auf FVK-Bauteile [KARA92]

Inter-dependancies of influencing factors on composite parts

2.1 Material

Material

In dem folgenden Abschnitt wird auf die Materialien von FVK eingegangen. Bei FVK können unterschiedlichste Fasern und Matrizes miteinander kombiniert werden. Primär tragen die steifen und festen Fasern die Kräfte, ähnlich einem Skelett, und die Matrix hält die Fasern in Form [KARG14]. Es können durch diese Kombination Eigenschaftsprofile erzielt werden, die nicht mit den einzelnen Komponenten zu erreichen sind.

2.1.1 Faserverstärkungen

Fiber reinforcements

In industriellen und strukturellen Anwendungen sind die hauptsächlich eingesetzten Fasermaterialien Kohlenstoff, Glas und Aramid. Kohlenstofffasern werden zur verbesserten Differenzierung in dieser Arbeit als Carbonfasern (CF) bezeichnet. CF erzielen bei einer unidirektionalen Ausrichtung die höchsten mechanischen Eigenschaften sowie das höchste Leichtbaupotenzial (vgl. Bild 2.3). Die Glasfasern sind am kostengünstigsten, mit ähnlichen Festigkeitswerten und geringeren Steifigkeitswerten wie CF. Glasfasern kommen dementsprechend für preissensible Anwendungen in Betracht, welche primär eine gute Festigkeit erfordern. Für hohe Steifigkeiten und hohe Gewichtsanforderungen werden meist Kohlenstofffasern verwendet. Aramidfasern eignen sich hingegen für ballistische Anwendungen aufgrund der hohen Schlagzähigkeit.

Im Besonderen im Vergleich zu konventionellen Werkstoffen (z.B. Stahl) sind mit den beschriebenen Fasermaterialien herausragende mechanische Eigenschaften erzielbar. Wie in Bild 2.3 zu sehen, verfügen die Glas- und Kohlenstofffasern bei einer geringen Dichte über hohe Zugfestigkeiten und einem hohen E-Modul. Eine konventionelle hochfeste (High Tenacity – HT) Kohlenstofffaser (in dieser Arbeit auch Carbonfaser genannt) weist im hier gewählten Vergleich die höchsten mechanischen Eigenschaften auf.

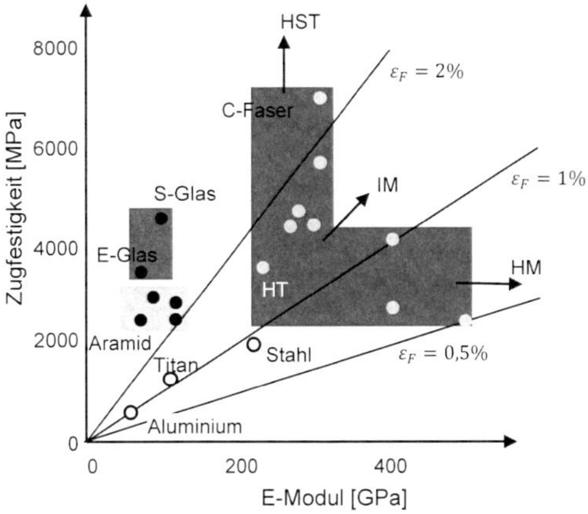

Material	Zug-Festig-keit [MPa]	E-Modul [GPa]	Dichte [g/cm³]
Stahl HC420LA	470-600	210	7,8-8,0
Aluminium 6061-T6	310	68,9	2,7
Magnesium (AZ31B)	260	44,8	1,738
E-Glass	3400-3700	72-77	2,52-2,60
Carbon-fasern (HT)	2700-3750	231	1,74-1,80

Bild 2.3: Eigenschaften von Faserverstärkungen und mechanische Eigenschaften ausgewählter Werkstoffe [HENN11; HEXC99; CHER16; AZOM18]

Properties of fiber reinforcements and properties of selected materials

2.1.2 Matrixmaterialien

Matrix material

Die Matrix hat folgende Funktionen in einem FVK:

- Fixieren der Fasern in der gewünschten geometrischen Anordnung
- Krafteinleitung in die Fasern und von Faser zu Faser
- Lastaufnahme, insbesondere bei Beanspruchung quer zur Faserrichtung und bei Schubbeanspruchung
- Stützen der Fasern bei Druckbeanspruchung in Faserlängsrichtung gegen Schubknicken
- Schutz der Fasern vor Umgebungseinflüssen. [SCHÜ07]

Verschiedene Kunststoffe kommen als polymeres Matrixmaterial für FVK in Frage. Für strukturelle Anwendungen eignen sich primär Duroplaste und Thermoplaste. Elastomere sind aufgrund der mangelnden Steifigkeit bei Druckbelastung für strukturelle Anwendungen kaum geeignet [SCHÜ07], siehe Bild 2.4.

Duroplaste sind die am häufigsten verarbeiteten Matrixwerkstoffe. Die finalen Werkstoffeigenschaften werden erst nach einer chemischen Vernetzungsreaktion erzielt. Duroplaste sind daher hochmolekularer und amorph. [SCHÜ07]

Durch die steigenden umweltpolitischen und ökonomischen Anforderungen sowie innovativen Produktionstechnologien hat sich die Nachfrage nach Thermoplasten erhöht [KERM15]. Thermoplaste werden immer häufiger für die Herstellung leistungsfähiger Bauteile genutzt [NEIT14]. Durch die Verwendung von Thermoplasten ist z.B. eine günstige Rohstoffbasis sowie ein einfacheres Recycling gegeben [NEIT14].

Thermoplaste		Elastomere	Duroplaste
amorph 	teilkristallin 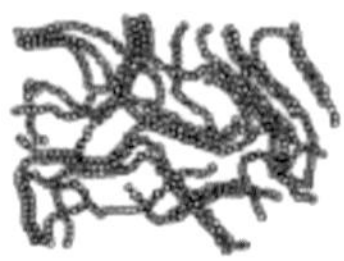	schwach vernetzte Molekülketten 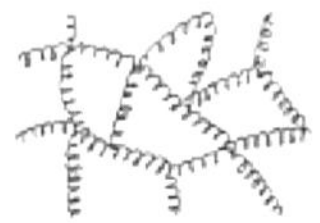	stark vernetzte Molekülketten 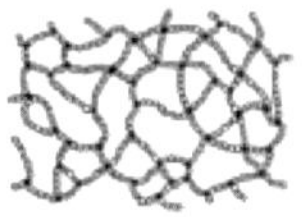
➢ schmelzbar ➢ löslich		➢ nicht schmelzbar ➢ unlöslich ➢ quellbar	➢ nicht schmelzbar ➢ unlöslich ➢ quellbar

Bild 2.4: Vernetzung und Eigenschaften von Kunststoffen [ERMA07]

Cross-linking and characteristics of polymers

Bei Thermoplasten sind die Molekülketten nicht vernetzt. Durch Verschlaufungen, Verfilzungen, Verhakungen und Kristallitbildungen existieren jedoch Nebenvalenzbildungen, welche den Zusammenhalt bewirken. Daher weisen Thermoplaste, insbesondere bei höheren Temperaturen, eine Kriechneigung auf [SCHÜ07]. In Faserrichtung ist die Kriechneigung vernachlässigbar, da die Fasern die Zugkräfte aufnehmen [COGS92]. Der Hauptnachteil thermoplastischer FVK liegt im Wesentlichen in der hohen Schmelzviskosität der thermoplastischen Matrix (siehe Bild 2.5) [GIBS92]. Die Imprägnierung der Fasern ist im Vergleich zu Duroplasten herausfordernder. Vorteilhafte Eigenschaften von Thermoplasten sind die niedrigen Verarbeitungszeiten, Wiederverwendbarkeit, Schweißbarkeit, Kombinierbarkeit mit konventionellen Prozessen (z.B. Spritzgießen) und die hohe Kerbschlagzähigkeit.

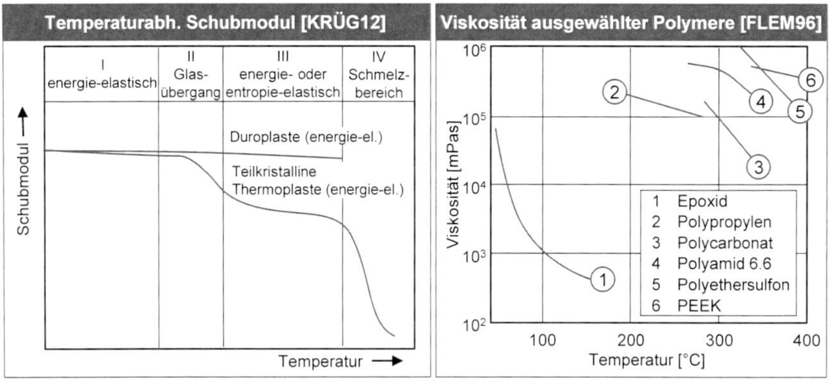

Bild 2.5: Temperaturabhängiger Schubmodul und Viskosität ausgewählter Polymere [KRÜG12; FLEM96]

Viscosity characteristics of selected polymers

2.1.3 Thermoplastische Halbzeuge

Semi-finished materials

Aufgrund der oben genannten Vorteile werden endlosfaserverstärkte Thermoplaste zunehmend zur Fertigung leistungsfähiger Bauteile verwendet. Die Halbzeugherstellung ist ein elementarer Teil sowohl für einen wirtschaftlichen Prozess als auch hin zu einem leistungsfähigen Bauteil. [NEIT14] Nach NEITZEL ist ein vollständig imprägniertes Halbzeug bereitzustellen, um in nachfolgenden Prozessschritten minimale Taktzeiten und damit einhergehend hohe Produktionsgeschwindigkeiten zu erzielen. [NEIT14]

Kommerziell verfügbare endlosfaserverstärkte Halbzeuge mit thermoplastischer Matrix sind je nach Matrixmaterial, Faserart und Faseranordnung zu unterscheiden. Als textile Verstärkungen sind unter anderem Matten/Vliese, Geflechte, Gewebe, oder auch unidirektionale Bänder möglich. Die Matrixwerkstoffe sind ebenso vielfältig von Standard-Thermoplasten (z.B. PP und Polyamid) bis hin zu Hochtemperatur-Thermoplasten (z.B. PEEK). Grundsätzliche elementare Eigenschaften und Potenziale thermoplastischer FVK-Halbzeuge mit Endlosfaserverstärkungen sind in Tabelle 2.1 dargestellt.

Tabelle 2.1 Eigenschaften endlosfaserverstärkter thermoplastischer FVK [NEIT14]
Properties of continuously fiber-reinforced thermoplastic composites

Werkstofflich	Prozesstechnisch
Hohe spezifische Festigkeit und Steifigkeit	Kurze Zykluszeit
Hohe Duktilität	Großserientaugliche Verarbeitungsverfahren
Gute Dämpfungseigenschaften	Schweißbarkeit
Hohes Energieabsorptionsvermögen	Umformbarkeit
Korrosions-Beständigkeit	Kombinierbar mit Spritzguss
Recycelbarkeit	

Tapes

Bändchen-Halbzeuge bestehen aus unidirektionalen, meist endlosen Fasern. Mit einem thermoplastischen Matrixmaterial imprägniert wird dieses Halbzeug als thermoplastisches Tape bezeichnet, kurz Tape genannt. Die Dicke eines Tapes ist im Allgemeinen zwischen 0,15 und 0,25 mm und die Breite wird für die Anwendung konfektioniert mit üblichen Breiten von ¼ – 1 Zoll (6,35 – 25,4 mm). Tapes zeichnen sich durch anisotrope Eigenschaften aus. Die mechanischen Eigenschaften sind in Faserrichtung, üblicherweise auch die Tape-Längsrichtung, sehr hoch. Quer zur Faserrichtung dominieren die Matrixeigenschaften und die mechanischen Eigenschaften wie Steifigkeit und Festigkeit sind weitaus geringer.

Die Imprägnierung der Fasern mit den hochviskosen Thermoplasten ist sehr aufwendig und erfolgt daher bereits in der Tape-Herstellung. Aufgrund der Vorimprägnierung zählen Tapes auch zu den vorimprägnierten Halbzeugen, im Folgenden PrePregs (engl. preimpregnated materials) genannt, und weisen neben der Faseranordnung einen definierten Faservolumengehalt auf. PrePregs und somit auch Tapes werden insbesondere zur Herstellung hochbelasteter Bauteile mit hohen Anforderung an Qualität und Reproduzierbarkeit eingesetzt, wie z.B. in der Luftfahrt. [BRAN91]

2.1.4 Tape-Herstellung

Tape manufacturing

Bei der Herstellung von Tapes liegt die Herausforderung in der Benetzung der gesamten Faseroberfläche mit Matrixmaterial. Durch einen marktüblichen Faservolumengehalt von 50 % und mehr ist die zu benetzende Oberfläche der Fasern relativ groß. Über eine Beispielrechnung wird diese Herausforderung hier anschaulich dargestellt. Bei einem 12 mm breiten und 0,125 mm dicken Tape mit einem Faservolumengehalt von 51.3 % gilt es zwei 12 k Carbonfaser Rovings (24.000 einzelne Filamente mit einem Filamentdurchmesser von 7 µm) zu imprägnieren. Für eine Tape-Länge von 10 m summiert sich die Gesamtoberfläche der Carbonfaser Filamente auf 5,28 m^2. Zur Imprägnierung werden dann lediglich 8,85 g Matrix (hier PA12) benötigt, welche während der Tape-Herstellung auf den Roving aufgebracht wird. Zur Erzielung einer vollständigen Imprägnierung der Fasern in einer möglichst kurzen Zeit werden in der Tape-Herstellung reduzierte Matrixviskositäten angestrebt.

Zur Herstellung von Tapes können unterschiedliche Verfahren genutzt werden. Diese sind:

- Schmelzauftrag
- Folienauftrag
- Pulver (via Polymerlösungsbad; wässrige Lösung, Pulverauftrag)
- In-situ Polymerisation
- Hybridgarn

Die verschiedenen Tape-Herstellungsverfahren erfordern dabei unterschiedliche Prozessschritte (Bild 2.6). Die unterschiedlichen Verfahren variieren sehr stark in der zu erreichbaren Imprägnierungs- und Konsolidierungsqualität [NEIT14]. Die Schmelzeimprägnierung eignet sich gut für niedrigviskose thermoplastische Schmelzen, wie zum Beispiel PA66. Das Verfahren hat begrenzte Abzugsgeschwindigkeit und weist Nachteile bei dicken Tapes und hohen Faservolumengehalten auf [ZANI10]. Mit dem Folienauftrag werden die Fasern und die thermoplastische Matrix, in Form einer dünnen Folie, übereinander gestapelt. Das Verfahren erfordert lange Imprägnierungsstrecken und einen hohen Energieeintrag. Bei dem Folien-Verfahren sind die Mehrkosten für die Folienextrusion noch zu beachten, welche bei Hochtemperatur-Thermoplasten 20-40 % der Granulat-Kosten sein können [NEIT14]. Der Folienauftrag eignet sich für geringe Produktionsmengen kommerziell nicht erhältlicher Tapes [ZANI10].

Sind Pulver Ausgangsmaterial der Tape-Herstellung, wird in dieser Arbeit zwischen den drei Verfahren Pulverauftrag, Polymerlösungsbad und wässrige Lösung differenziert. Der Pulverauftrag kann durch elektrische Aufladung oder Nutzung eines Klebstoffs erfolgen. Das Polymerlösungsbad eignet sich primär für amorphe Thermoplaste

[NEIT14]. Der Thermoplast wird in einem abgestimmten Lösungsmittel oder Weichmacher aufgelöst, wodurch die Viskosität herabgesenkt wird und eine schnelle und einfache Imprägnierung möglich ist [ZANI10; BRAC18]. Mit der Pulverimprägnierung via wässriger Lösung können bisher die höchsten Tape-Qualitäten erreicht werden, mit hohen Faservolumengehalten und großen Tape-Dicken [BRAC18]. Nach einer homogenen Vermischung von Faser und Polymer wird in einer Trocknungsstrecke die Lösung verdampft. Bei allen Verfahren wird nach dem Pulverauftrag das Pulver aufgeschmolzen und in einem Werkzeug zu dem finalen Tape konsolidiert [BRAC18]. Für eine gute Imprägnierung ist eine sehr kleine Korngröße des Polymerpulvers notwendig. Daher kann ein zusätzliches kryogenes Mahlen notwendig sein, um die geforderte Pulverform zu erzielen. Dies ist mit Mehrkosten verbunden.

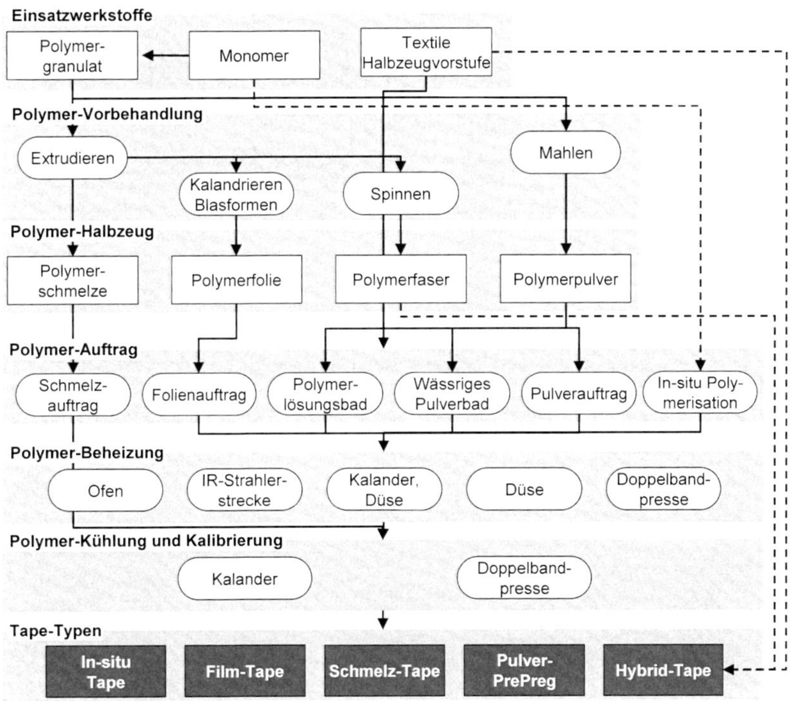

Bild 2.6: Prozessablauf Tape-Herstellungsverfahren [NEIT14]

Process steps of tape manufacturing

Das in-situ Polymerisations-Verfahren ist technologisch am anspruchsvollsten. Hierbei wird die Polymerisation mit der Imprägnierung kombiniert, sodass die geringe Viskosität der Monomere für eine vereinfachte Imprägnierung genutzt werden kann. Dementsprechend ist das Potenzial des Verfahrens hoch, aktuell industriell aber noch nicht ausgereift [PART05]. In Tabelle 2.2 sind die Eigenschaften nochmals übersichtlich gegenübergestellt.

Zur Steigerung des Produktionsvolumens werden die Tapes als sogenannte Mutterspulen gewöhnlich mit Breiten von 300 bis 1200 mm und mehr hergestellt. Somit wird die finale Tape-Breite nicht direkt erzielt. In einem nachgeschalteten Schritt wird die Mutterspule auf die passenden Tape-Breiten geschnitten, im engl. auch *slitting* genannt. Das Schneiden ist direkt im Anschluss an die Produktion möglich, wird aber in der Regel in einem nachfolgenden Schritt vorgenommen. Nach NEITZEL ist die Abweichung von der geforderten Tape-Breite nach dem Schneiden größer als bei direkter Konfektionierung während der Tape-Herstellung [NEIT14]. Es hat sich in der Praxis aber gezeigt, dass die Tape-Breiten-Anforderungen auch mit dem Schneiden zu erfüllen sind und Toleranzen von ± 0,1 mm erreicht werden [LÖSI].

Tabelle 2.2 Vergleich von Tape-Materialien und Verfahren [NEIT14]
Comparison of tape materials and manufacturing processes

	Pulver-auftrag	Wässrige Lösung	Lösungs-mittel	Schmelze	Film	Textil/ Hybrid	In-situ
Imprägnierungsgrad	gering	hoch	hoch	mittel	mittel	gering	hoch
Variation Faser-volumengehalt	hoch	hoch	hoch	hoch	mittel	gering	hoch
Handhabbarkeit	hoch	hoch	hoch	hoch	hoch	gering	hoch
Geschwindigkeit	hoch	hoch	mittel	mittel	mittel	mittel	hoch
Verfügbarkeit Polymerhalbzeug	mittel	mittel	mittel[1]	hoch	mittel	gering	mittel
Anlagenkosten	mittel	mittel	hoch	hoch	hoch	mittel[2]	hoch
Emissionen	gering	gering	hoch	mittel	mittel	gering	hoch
[1]: nur amorphe Thermoplaste; [2]: gering-hoch							

Die am Markt verfügbaren Tapes sowie die anbietenden Hersteller sind in den letzten Jahren stark gestiegen. Nahezu alle bekannten Hersteller technischer Thermoplaste bieten auch Tapes als Halbzeug an, wie z.B. Arkema mit den Marken Polystrand, Kepstan, Barrflex und Rilsan, Evonik mit Vestape, Sabic mit UDMAX oder auch DSM mit Polyamid-basierten UD Tapes. [FOUI18; ARKE19; KEIL17; DSM19; SABI19]

2.1.5 Tape-Eigenschaften und Qualitäten

Tape characterisitcs and qualities

Die Qualitätsanforderungen an Bauteile hergestellt mit Tape-Legetechnologien sind sehr hoch. Dementsprechend sind auch hohe Ansprüche an die Tape-Eigenschaften zu stellen. Ein Tape kann dabei mit unterschiedlichen Parametern beschrieben werden. Über eine nachfolgende Bewertung kann darüber hinaus die Qualität des Tapes bewertet werden, wobei diese immer im Kontext der nachfolgenden Verarbeitung und Anwendung zu betrachten ist. Die Tape-Eigenschaften haben einen großen Einfluss auf die nachfolgenden Prozessschritte und Bauteilqualität, die unter anderem durch die bereits erfolgte Imprägnierung der Fasern bedingt ist.

Im Luftfahrtsektor beispielsweise werden seit vielen Jahren unidirektionale Faserhalbzeuge genutzt. Dementsprechend wurde die gesamte Herstellung für Material und

Verarbeitungstechnologie zertifiziert. Eines der ersten zertifizierten Materialien für strukturelle Anwendungen ist ein PEEK-AS4-Tape. Es wird seit mehr als 20 Jahren in der Luftfahrt angewendet und besteht aus dem thermoplastischen Hochleistungspolymer PEEK und der hoch-festen Carbonfaser AS4. Zu berücksichtigen ist, dass bei der Bauteilherstellung eine finale Konsolidierung im Autoklav nach der Ablage erfolgt. Die Tape-Eigenschaften sind der Tabelle 2.3 zu entnehmen.

Tabelle 2.3 Materialeigenschaften eines PEEK-AS4 Tapes [JENS12]
Material properties of a PEEK-AS4 tape

Hersteller	CYTEC
Name	APC-2/AS4
Matrixmaterial	Polyetheretherketone (PEEK)
Faser	Carbonfaser AS4
Faservolumen-gehalt [%]	60
Schliffbild [JENS12]	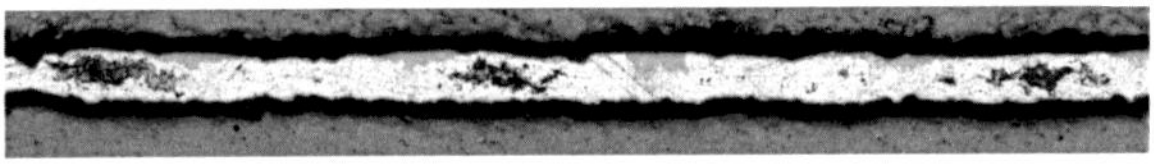
mittlere arithmetische Höhe [µm] [JENS12]	9,21

Wie auf dem Schliffbild zu sehen ist, zeigt das Tape eine relativ raue Oberfläche und Lufteinschlüße im Tape. Für die hier zertifizierte Prozesskette mit einer typischen Konsolidierung im Autoklav ist ein solches Tape ausreichend gut [CYTE12]. Während der Konsolidierung können überschüssige Lufteinschlüsse aus dem Laminat gepresst werden. Bei alternativen Prozessrouten werden jedoch abweichende Halbzeug-Eigenschaften benötigt. Beispielsweise sind andere Halbzeug-Eigenschaften bei einer vollständigen Verschweißung direkt bei Ablage, auch in-situ Konsolidierung genannt, notwendig.

Quality Index for Thermoplastic Tapes (Q.I.T.T.)

Am Institut für Verbundwerkstoffe (IVW) der Universität Kaiserslautern wurden Qualitätskriterien spezifisch für Tapes entwickelt. Über einen Index werden die Qualitätskriterien für das in-situ Tape-Legen spezifiziert.

Der sogenannte Quality Index for Thermoplastic Tapes (Q.I.T.T.) umfasst hierbei 13 Hauptkriterien (siehe Tabelle 2.4), welche in einer Gesamtzahl zusammengefasst werden. Hierdurch soll sowohl eine absolute als auch vergleichende Bewertung mit alternativen Halbzeugen möglich sein [BERE02]. EHLERS hat erstmals hierzu Merkmale von Tapes aufgenommen und bewertet [EHLE98]. BERESHEIM hat den Katalog erweitert und eine Quantifizierung aller Kriterien eingeführt [BERE02]. Aus den Eigenschaften wird ein Index gebildet, welcher die Qualität des jeweiligen Materials widerspiegelt und eine Vergleichbarkeit der Materialien ermöglicht.

Das Optimum in der Tape-Qualität ist hierbei die Herstellung eines unidirektionalen Verbunds mit möglichst gestreckten, imprägnierten und unbeschädigten

Verstärkungsfasern. Der Verbund hat einheitliche und ausreichend gute mechanische Eigenschaften auf Basis eines homogenen Matrix- und Fasermaterials, minimale Poren und Materialaufwerfungen. [BERE02]

Tabelle 2.4: Qualitätskriterien für Thermoplast-Tapes [NEIT14]
Quality criteria for thermoplastic tapes

Qualitätskriterium	Liefert Information über	Ausprägungen
Genauigkeit Tape-Breite	Genauigkeit der Tape-Herstellung; Ablagebreite; Prozessplanung	• Hohe Genauigkeit; max. Abweichung von 0,15 mm • Höhere Genauigkeit als Tape-Dicke
Genauigkeit Tape-Dicke		• Abweichungen
Konstanz der Tape-Breite	Geometriekonstanz; Einstellbarkeit von Maschinenparametern; Ablege-Breite	• Lokal starke Abweichungen • Höhere Konstanz als die Tape-Dicke
Konstanz der Tape-Dicke		• Hohe Variationskoeffizienten
Tape-Kante	Qualität der seitlichen Konsolidierung	• Sieben verschiedene Kantentypen von rechteckig bis stark undefiniert mit Lunker
Tape-Oberfläche	Konsolidierungsgüte bei Ablage	• Geringe bis hohe Rauigkeit
Genauigkeit des Faservolumenanteils	Genauigkeit des Herstellungsprozesses; Bauteilauslegbarkeit	• Hohe Genauigkeit im gesamten Tape
Vollständigkeit der Imprägnierung	Mechanische Eigenschaften des Verbunds; Prozess-Beherrschung	• Porengehalte von 1 - 8 % • Hohe Variabilität in Längs- und Querrichtung
Konstanz des Faservolumenanteils	Auslegbarkeit; Faserschädigung	• Hohe Konstanz im gesamten Tape
Homogenität der Faserverteilung	Gleichmäßigkeit der Eigenschaften	• Ungleichverteilung über den Querschnitt
Faserausrichtung	Beherrschung des Herstellungsprozesses; mechanische Eigenschaften des Verbundes; Faserwelligkeit	• Mitunter stärkere Welligkeit der Fasern in Längsrichtung
Mechanische Charakterisierung (Zug)		• Weitestgehend gleicher Sollwert • Unterschiedliches Versagensverhalten
Scherfestigkeit		• Nicht exakt messbar

Die Tape-beschreibenden Kriterien werden in dem Q.I.T.T. in Halbzeug- und Werkstoff-spezifische Merkmale unterschieden. Unter Halbzeug-spezifischen Merkmalen fallen makroskopische Größen, wie z.B. Abmessungen, Oberflächenbeschaffenheiten, Querschnittsformen und Kantenausprägungen der Tapes [EHLE98]. Die Charakterisierung der makroskopischen Kriterien kann durch eine kontinuierliche und zerstörungsfreie Werkstoffprüfung realisiert werden [NEIT14].

Die werkstoffspezifischen Eigenschaften sind beispielsweise der Imprägnierungsgrad, Faserorientierung, Porengehalt oder Faser-Matrix-Haftung. Die werkstoffspezifischen Eigenschaften lassen sich meist nur mit erhöhtem Aufwand lokal bestimmen. Jedoch haben die werkstoffspezifischen Merkmale einen direkten Einfluss auf die Bauteileigenschaften und werden häufig durch Bauteiltestes bestimmt. [EHLE98]

Zwischenfazit

Unidirektional faserverstärkte thermoplastische Halbzeuge in Form von Tapes verfügen über hohe mechanische Eigenschaften und einem großen Leichtbaupotenzial. Tapes sind durch die geringe Dicke und Breite ein Halbzeugtypus, welcher sich flexibel einsetzen lässt. Durch die Möglichkeit des Aufschmelzens der Matrix sind sowohl Großserien-Anwendungen als auch eine Wiederverwertung möglich.

Mit der Anwendung und Verarbeitung von Tapes variieren die Anforderungen an die Tape-Qualität. Für das in-situ Tape-Legen wurden mit dem Q.I.T.T. entsprechende Kriterien definiert, welche in Halbzeug- und Werkstoff-spezifische Merkmale unterschieden werden.

2.2 Auslegung

Design

FVK ermöglichen maßgeschneiderte Lösungen mit der Maxime „*Das richtige Material in der richtigen Menge an der richtigen Stelle*“ [AUDI18]. Eine große Flexibilität in der Auslegung entsteht durch die Vielzahl möglicher Varianten in dem Materialsystem. Konfigurationen eines FVK-Laminats können angepasst werden, wie z.B. Faser-Orientierung, Lagendicke, -material und -aufbau, Verstärkungsfaser-Typ und -Volumenanteil. Es entstehen effiziente Lösungen, welche die gewünschten Eigenschaften erfüllen, z.B. Steifigkeit, Festigkeit, elektrische und thermische Leitfähigkeit oder thermische Ausdehnung. [SONM17]

Klassische Designansätze, welche in hohem Maße auf die Erfahrung und Intuition des Konstrukteurs beruhen, führen häufig nur zu einem begrenzten Erfolg. Im Besonderen sind die beeinflussbaren Variablen zu vielfältig. Ein traditionelles Design beruht auf der Definition einzelner Lagen, um den Lösungsraum einzuschränken und überschaubar zu halten. Jede Lage besteht dabei aus Fasern, angeordnet in einem fixen Winkel von meist 0°, ±45° oder 90°, unabhängig einer vorliegenden nicht einheitlichen Belastung [GÜRD08]. Die spezifischen Laminateigenschaften werden allerdings über den gewählten Lagenaufbau bestimmt. Ein solches Design nutzt nicht die gesamten Vorteile von FVK aus [WALK03; LOZA15], insbesondere bei komplexen Lastfällen mit Funktionsintegration, Löchern oder ungleichmäßiger Krafteinleitung. [GÜRD08]

Eine Möglichkeit für einen verbesserten Lagenaufbau sind diskrete Dickensprünge durch lokale Lagen. BIGGERS hat z.B. vorteilhafte Versteifungsstrukturen durch eine Umverteilung von Lagen spezifischer Orientierung über die Grundform eines rechteckigen Laminats erzielt. Durch eine Umverteilung der flächigen ±45°-Lagen kann die Leistungsfähigkeit in Form der maximalen Beullast um 75 % im Vergleich zum homogenen Laminat erhöht werden. In Bild 2.7 werden die umverteilten ±45°-Lagen in blau dargestellt und die Ausbeulungen durch die schwarzen Linien. Eine Beziehung zwischen den Versteifungen und den Ausbeulungen ist ersichtlich. Die größte Verbesserung wird durch ein kombiniert verstärktes Laminat erzielt. [BIGG94]

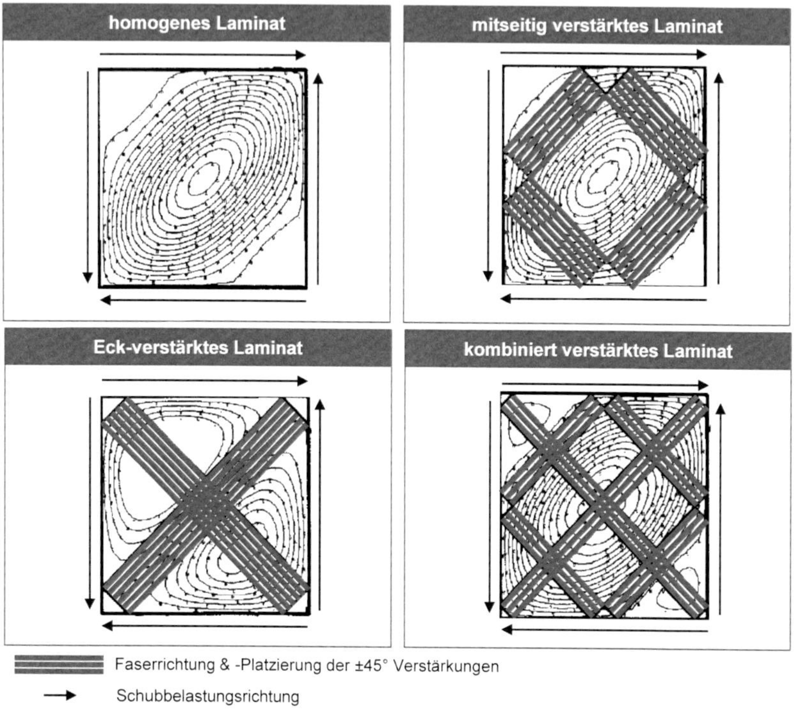

Bild 2.7: Schubbeul Verhalten bei unterschiedlichen lokalen Verstärkungen [BIGG94]

Shear buckling mode shapes

Ein Krümmen der Fasern in der Laminatebene ermöglicht eine weitergehende Auslegung für ungleichmäßige Bauteilbelastungen. Laminate mit gekrümmten Fasern verfügen über die Möglichkeit angepasster Steifigkeiten und modifizieren dadurch die Lastpfade im Bauteil zur verbesserten Spannungsverteilung. Die Leistungsfähigkeit sogenannter *variable-stiffness laminates* (VSL) ist im Gegensatz zu konventionellen Laminate demnach höher. In einer Vielzahl von theoretischen und numerischen Studien wurde dies gezeigt. [BANI81; BANI95; PEDE91; PEDE93; DUVA00; MARO16]

GÜRDAL hat erstmals VSL mit kurvenförmigen Faserpfaden entwickelt. Der Faserwinkel ändert sich linear über den Faserpfad (Bild 2.8). Dadurch konnte gezeigt werden, dass durch VSL die Beullast von der Steifigkeit in der Laminatebene (in-plane Steifigkeit) entkoppelt betrachtet werden kann. Im Vergleich zu konventionellen quasi-isotropen Laminaten wird bei gleicher in-plane Steifigkeit die Beullast erhöht. [GÜRD93; OLME93; GÜRD08] Eine gegenläufige Abhängigkeit von Beullast und in-plane Steifigkeit wird durch die VSL reduziert. Ebenso ist eine Verbesserung beider Parameter möglich [NIK12].

Die Forschungsarbeiten sind sehr vielversprechend, da sie die potentielle strukturelle Verbesserung durch variierende Ablegewinkel demonstrieren. Die Ergebnisse sind nur theoretisch optimal, da sie Fertigungslimitationen nicht berücksichtigen. Folglich sind nicht alle Laminate herstellbar. [NIK14]

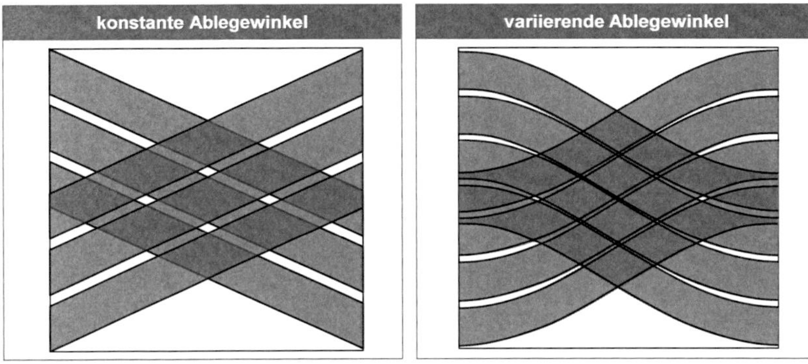

Bild 2.8: Konventionelle, konstante Tape-Pfade und VSL mit variierenden Ablegewinkeln

Conventional tape paths (left) and VSL with varying fiber direction (right)

Die erzielbaren Variationen in den Ablegewinkeln sind häufig durch den kleinsten ablegbaren Radius definiert, bei welchem keine signifikanten Defekte, wie eine Faltenbildung im Tape, entstehen [LUKA12]. Ebenso sind weitere Defekte in Form von Überlappungen oder Lücken zwischen den Tapes möglich. Diese Defekte beeinträchtigen die strukturelle Leistungsfähigkeit negativ [BLOM09b]. Die Ursache der Defekte können in der Auslegung liegen, wenn durch den Laminataufbau Überlappungen und Lücken zwischen den Tapes entstehen. Diese Defekte können aber bei einer fertigungsgerechten Auslegung und Berücksichtigung der Prozessgrenzen vermieden werden [POTT08]. Der begrenzte Kurvenradius wird mittlerweile sehr häufig bedacht [SABI17]. LANGLEY hat beispielsweise ein finite Elemente (FE) Modell entwickelt, welches Herstellungslimitationen wie möglichst kontinuierliche Fasern, Tape-Breite und Überlappungen berücksichtigt [LANG99]. Durch die Nutzung eines sogenannten *Dual-Meshes* reduziert VAN TORREN die Auslegungs-Variablen und berücksichtigt den Herstellungsprozess bereits in der Auslegung. Hierbei werden der Spannungszustand wiederholt analysiert, die Tape-Pfade in dem Laminat berechnet, der Versagensindex und die Fertigungsbedingungen bewertet. Die optimalen Tape-Pfade sind durch das beste Versagensverhalten über alle Lastfälle definiert. Einschränkungen in den Tape-Pfaden sind minimale Kurvenradien, welche Tape-abhängig sind. [TOOR15] BLOM hat die Abhängigkeit aus Leistungsfähigkeit und Herstellbarkeit von VSL herausgearbeitet [BLOM08]. Experimentelle Validierungen von Laminat-Entwürfen mit Berücksichtigung von Fertigungsbeschränkungen wurden in mehreren Arbeiten durchgeführt [TATT02; JEGL05; MARO16]. Mit einer Winkeländerung eines Tape-Pfads von 9° wird bereits die Leistungsfähigkeit des VSL verbessert [NIK14]. Die Berücksichtigung von Fertigungsbeschränkungen, z.B. Kurvenradien, führt zu einer Reduktion der Beullast um ca. 8 % [BRIN12]. Des Weiteren weisen Laminate mit Überlappungen einzelner Tapes eine verbesserte Beullast auf [MARO16]. Darüber hinaus ist eine Kombination mit einer Topologie-Optimierung möglich. PEETERS hat eine Topologie-Optimierung bei einem 200*75 mm^2 großen Biegebalken durchgeführt, welcher auf der linken Seite eingespannt ist und an zwei Knotenpunkten, einer mittig auf der rechten Seite und der Zweite zwei Millimeter darüber, durch eine Kraft nach oben belastet wird (siehe Bild 2.9). Das Laminat ist dadurch nicht auf eine definierte Geometrie festgelegt [PEET15].

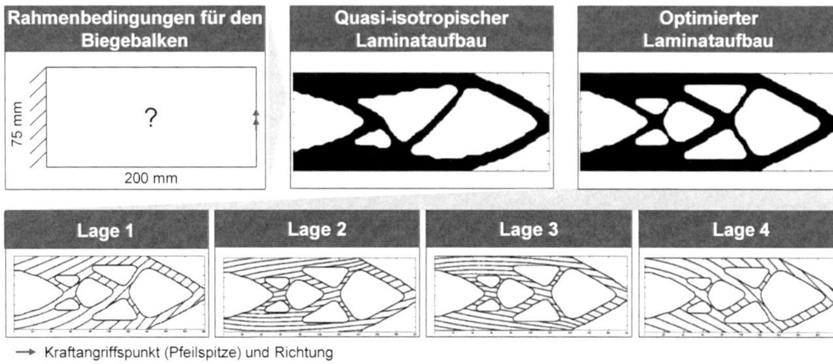

Bild 2.9: Topologie-, Last- und Pfadoptimierter Biegebalken aus FVK [PEET15]

Topology-, load- and path optimized composite cantilever

Die Topologie eines VSL ist bei einer unsymmetrischen Belastung unterschiedlich zu der eines quasi-isotropen Laminates, siehe Bild 2.9. Das VSL ist nahezu symmetrisch und weist eine 4,8 % höhere Steifigkeit auf [PEET15]. In weiteren Untersuchungen konnte PEETERS eine Verbesserung der Beullast um 10 % durch die Kombination einer Topologie- und Pfadoptimierung erreichen und das Bauteilgewicht um 15 % reduzieren. Es ist dabei ebenso herauszustellen, dass nur eine Pfad- oder Topologieoptimierung nicht ausreichend ist, um die Beullasten des Vergleichslaminats zu erzielen. [PEET19] Zusätzlich wurden die Fertigungsbeschränkungen in Form von Restriktionen im Kurvenradius oder durch Überlappungen berücksichtigt. Dies erfordert iterative Optimierungsansätze, um ein Optimum aus mechanischen Eigenschaften und Herstellbarkeit zu ermitteln.

Zwischenfazit

Für die Auslegung von FVK mit unidirektionalen, kontinuierlichen und gekrümmten Faserverstärkungen sind bereits eine Vielzahl von Methoden, Berechnungsmodellen und Vorgehen bekannt. Diese berücksichtigen zum Teil auch Fertigungsrestriktionen um eine Machbarkeit sicherzustellen. Bereits mit Winkeländerungen von 9° können signifikante Verbesserungen in den Bauteileigenschaften erzielt werden. Zusammenfassend lässt sich eine Variation der Materialeigenschaften in Abhängigkeit des Ortes mit den folgenden vier strukturellen Designkonzepten erreichen:

- Die Fasern werden in gekrümmten Bahnen angeordnet.
- Der Faservolumengehalt ist ortsabhängig.
- Die Dicke der einzelnen Lagen hat eine räumliche Verteilung.
- Die Kombination der ersten drei Konzepte. [SABI17]

2.3 Verarbeitungstechnologien für Tapes

Tape processing technologies

Zur Verarbeitung von FVK stehen eine Vielzahl von Verfahren und deren jeweilige Kombinationen zur Verfügung. Diese sind in Bild 2.10 systematisch aufgezeigt. Je nach Bauteil und Material ist der jeweils passende Prozess zu wählen.

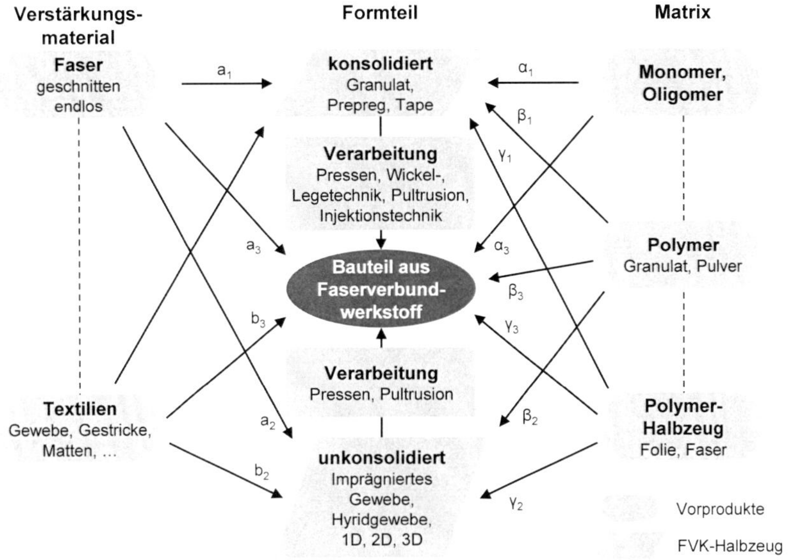

Bild 2.10: Verarbeitungsstrategien für FVK [KARG96]

Process strategies for composites

Um Tapes herzustellen und zu verarbeiten, wird in einem ersten Schritt üblicherweise eine Faser (a_1) und ein Polymer (β_1) oder auch ein polymeres Halbzeug (γ_1) zu einem Tape (Prepreg) kombiniert. In einem weiteren Verarbeitungsschritt, wie dem Legen oder dem Wickeln, wird das FVK-Bauteil generativ gefertigt.

2.3.1 Tape-Verarbeitung

Tape processing

Um das Tape zu einem Bauteil oder Laminat weiterzuverarbeiten, existieren verschiedene Verfahren und Prozesse, wie zum Beispiel das Legen, Wickeln oder Pressen. Bei dem Pressen wird aus den Tapes ein Laminat in einem Vorprozess aufgebaut und nachfolgend unter Druck und Temperatur in die finale Kontur gepresst. Die Verfahren des Legens und Wickelns haben sich für den Laminataufbau als geeignet erwiesen. Im Folgenden wird das Tape-Legen detailliert beschrieben.

Das Tape-Legen ist ein Legeverfahren zur automatisierten richtungs- und positionsvariablen Ablage von Tapes auf Strukturen jeglicher Geometrie und Dimension [KERM15]. Die Tapes werden generativ zu einem Laminat geschichtet und in Kombination mit der genutzten Werkzeugform die Laminatform erzielt. Es können sowohl die Faserorientierung als auch lokale Verstärkungen definiert werden.

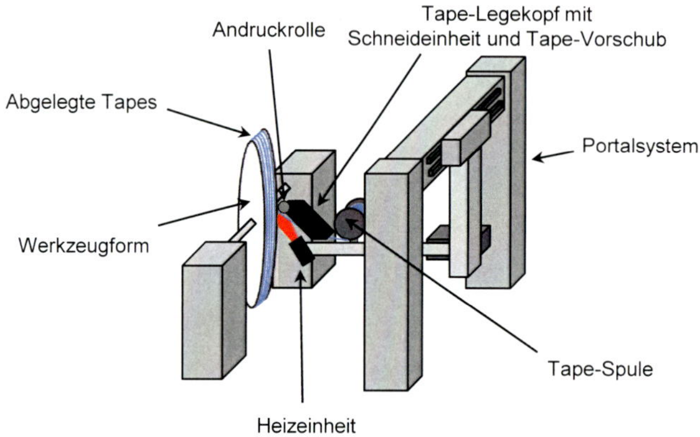

Bild 2.11: Prinzipskizze eines Tape-Legesystems [LATR03]

Principle of tape-laying system

Das Tape-Legen hat sich aus dem duroplastischen Verfahren des Automated Fiber-Placements (AFP) heraus entwickelt. Durch die thermoplastische Matrix ist ein nachgeschalteter Aushärteprozess im Autoklav oder Ofen jedoch nicht mehr nötig, sofern die Konsolidierung während der Ablage erfolgt.

Eine Unterteilung der Tape-Lege-Verfahren ist in der zu verarbeitenden Tape-Breite vorzunehmen. Tape-Breiten größer 75 mm werden im Automated Tape Laying (ATL) verarbeitet und schmalere Tape-Breiten im AFP. ATL-Systeme sind häufig für Breiten von 75-300 mm ausgelegt. AFP-Systeme sind in der Lage bis zu 32 schmale Bändchen zeitgleich abzulegen. Die Verarbeitung mehrerer schmaler Bändchen hat den Vorteil, komplexere Geometrien und Pfade zu realisieren. [LUKA12]

Der Ablauf ist bei beiden Systemen grundsätzlich analog. Mit dem Abspulen des Tapes von der Spule wird es zur Andruckrolle geführt. Um eine strukturelle Verbindung des Tapes auf dem Substrat zu erhalten, werden Tape und Substrat kurz vor der Andruckrolle mit Hilfe einer Heizeinheit über die Schmelztemperatur der Matrix erwärmt [LATR03]. Das Substrat wird hier als thermoplastisches Trägermaterial oder bereits abgelegtes Tape definiert. Durch das nachfolgende Anpressen und gleichzeitigem Abkühlen wird das schmelzflüssige Tape mit dem schmelzflüssigen Substrat verschweißt [KERM15]. Mit dem Abschluss einer Tape-Bahn wird über eine Schneideinheit im Tape-Legekopf das Tape durchtrennt, sodass ein endkonturnahes Bauteil gefertigt werden kann. Eine Funktionsskizze eines Tape-Legekopfes ist in Bild 2.12 abgebildet.

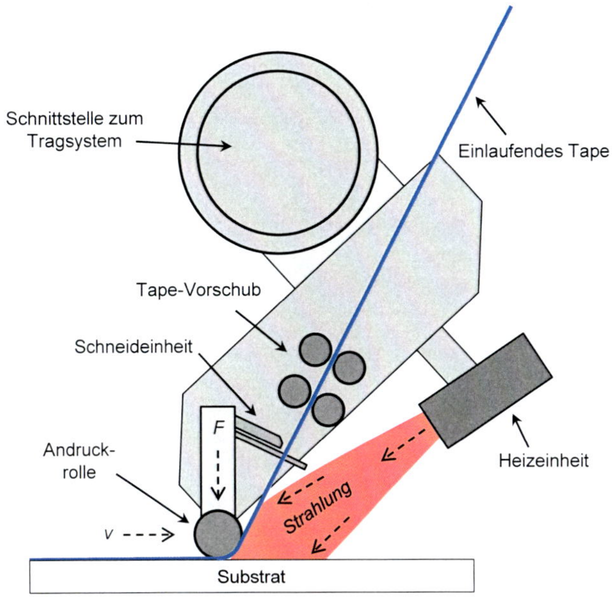

Bild 2.12: Funktionsskizze eines Tape-Legekopfes ohne Tape-Spule (vgl. [STEY13])

Functional principle of tape-laying head without tape spool

Bei dem Tape-Legen ist in der erzielbaren Fügefestigkeit zwischen Tape und Substrat zu unterscheiden. Über den verschweißten Flächenanteil und die Güte der Verschweißung kann die Fügefestigkeit beschrieben werden. Möglichkeiten sind ein lokales Aneinanderheften; sogenanntes *tacking*; lokale Punkt- oder Linienverschweißungen, bis hin zu flächigen Verschweißungen. Bei den flächigen Verschweißungen gilt es darüber hinaus in der Verschweißungsgüte zu differenzieren. [SLAN16]

Lokal gefügte Laminate sind für einen Transport ausreichend stabil, benötigen zusätzlich aber noch eine Nachkonsolidierung in einem Autoklav, Ofen oder einer Presse, um die finalen Eigenschaften zu erreichen. Bei Ablage der Tapes mit einer flächigen Verschweißung, welche jedoch keine vollständige Konsolidierung aufweist, ist ebenfalls eine weitere Konsolidierung, beispielsweise durch Pressen, notwendig. Der Unterschied zum lokal gefügten Laminat liegt dabei in der Wiedererwärmung. Die Aufwärmdauer ist bei lokal gefügten Laminaten aufgrund der niedrigeren Wärmeleitfähigkeit in Dickenrichtung zeitintensiver als bei vollkonsolidierten und führt somit zu einer höheren Zykluszeit während des Thermoformings. [SLAN16]

Alternativ ist durch eine geeignete Prozessführung eine komplette Verschweißung direkt mit der Ablage möglich. Eine sogenannte in-situ Konsolidierung. Die in-situ Konsolidierung ist technologisch schwieriger zu beherrschen, jedoch aus ökonomischen Gesichtspunkten anzustreben. [GARD18]

Die sich hieraus ergebenden Prozessrouten beim Tape-Legen von Tape bis zum endkonturnahen Laminat sind in Bild 2.13 aufgezeigt. Mit den unterschiedlichen Routen variieren die Fertigungszeiten und -schritte stark und sind im Besonderen von der Bauteilgeometrie und dem verwendeten Matrixwerkstoff abhängig. Durch das in-situ Tape-Legen kann jedoch ein nachträglicher Konsolidierungsschritt obsolet werden und die Gesamtfertigungszeit ist am kürzesten.

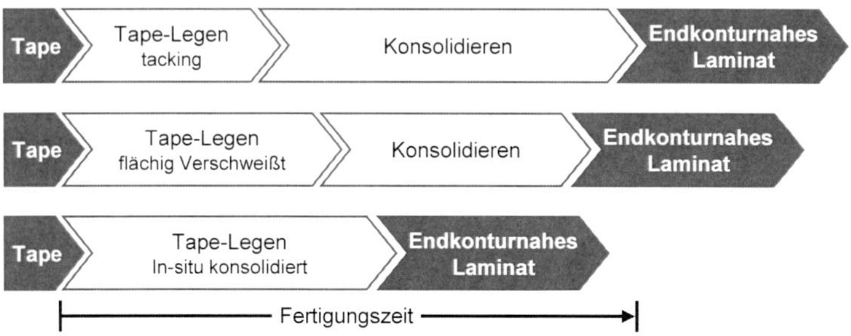

Bild 2.13: Prozessrouten bei unterschiedlicher Fügefestigkeit im Tape-Legen

Process routes for varying bonding force during tape laying

Zur Einkopplung der benötigten Wärmeenergie beim Schweißen der Tapes sind verschiedene Technologien verfügbar. Konduktiv kann über den direkten Kontakt mit einem Heizschuh oder einem Band simultan Wärme und Druck appliziert werden. Konvektive Ansätze sind Heißgas und offene Flamme. Ebenso können neben induktiven und resistiven Heizverfahren auch Strahlquellen genutzt werden. Diese sind Infrarotstrahler oder CO_2-, Nd:YAG- und Diodenlaser. Das Diodenlasersystem hat sich aufgrund der Effizienz als Wärmequelle zur Verarbeitung von kohlenstofffaserverstärkten Tapes durchgesetzt [ESCH01; KÖLZ08; SCHL09; STEY13; KERM15]. Mit der Entwicklung kostengünstiger Hochleistungslaser mit konfigurierbaren Optiken ist die Verarbeitung von hochschmelzenden Thermoplasten, mit den gewünschten Ablege-Geschwindigkeiten, auch wirtschaftlich möglich.

Die aktuell verwendeten Aufheizsysteme in Industrie und Forschung sind in Tabelle 2.5 beschrieben. Es wird deutlich, dass die verschiedene Heizquellen ihre Berechtigung haben und je nach Material und Anwendungsfall gewählt werden.

Zur Ablage der Bändchen wird simultan zu der Wärme auch Druck appliziert. Hier sind ebenfalls verschiedene Konzepte und Kombinationen möglich. Ein Andruckschuh ermöglicht eine Druckapplikation über einen längeren Zeitraum. Andruckrollen sind flexibler in den abzufahrenden Formen. Segmentierungen der Andrucksysteme bieten darüber hinaus mehr Einstellmöglichkeiten und einen größeren Prozessbereich, wobei auch die geringere Robustheit zu beachten ist. Des Weiteren werden Andrucksysteme häufig gekühlt, beheizt oder temperiert, um den Prozess weiter zu verbessern. [STEY13; KHAN10]

Tabelle 2.5: Auswahl von Aufheizsystemen für Thermoplast-Tapes [NEIT14]
Selection of heating systems for thermoplastic tapes

Aufheiz-system	Wärmeübertra-gung	Vorteile	Nachteile
Heißgas	Erzwungene Konvektion	• Geringe Anschaffungskosten • Gute Handhabung • Viele Erfahrungswerte	• Eingeschränkte Wärmestromdichte • Lange Ansprechzeiten • Energieeinkopplung über Wärmeleitung
Heizschuh	Wärmeleitung	• Geringe Anschaffungskosten • Viele Erfahrungswerte	• Gefahr der Materialschädigung • Geringe Wärmestromdichte • Lange Ansprechzeiten • Einschränkung herstellbarer • Geometrien
Ultraschall	Reibung durch mechanische Schwingung	• Geringe Anschaffungskosten • Kurze Ansprechzeit	• Gefahr der Materialschädigung • Geringe Wärmestromdichte • Einschränkung herstellbarer Geometrien
Infrarot	Wärmestrahlung (Oberflächenabsorption) und ein geringer Teil freie Konvektion	• Geringe Anschaffungskosten • Geringer Energieverbrauch • Hohe Erfahrungswerte • Berührungslose Energieeinkopplung	• Geringe Wärmestromdichten • Materialabhängige Absorption • Großer Bauraum
Diodenlaser	Wärmestrahlung (Volumenabsorption)	• Definierter Strahlfleck • Hohe Wärmestromdichte • Sehr geringe Ansprechzeiten • Berührungslose Energieeinkopplung und Volumenabsorption	• Hohe Anschaffungs- und Betriebskosten • Hoher Steuerungsaufwand • Stark materialabhängige Absorption • Sehr großer Bauraum

2.3.2 Tape-basierte Herstellung von Laminaten variabler Steifigkeit

Manufacturing of variable stiffness laminates with tapes

Zur Herstellung von Laminaten aus Tapes in Serienanwendungen ist eine effiziente, robuste und reproduzierbare Produktion notwendig. Prädestiniert sind hierzu numerisch gesteuerte Tape-Legesysteme zur automatisierten, richtungs- und positionsvariablen Ablage. Die Laminatgeometrie wird dabei über die Werkzeugform definiert [NEIT14; KERM15]. Bei der Herstellung von Laminaten mit variabler Steifigkeit und kurvigen Pfaden sind darüber hinaus weitere Charakteristiken, wie eine Flexibilität in den Pfaden und eine minimale Konsolidierung zur Fixierung der Tapes auf dem Laminat, zu beachten.

Tape-Legesysteme

Zur Verarbeitung von Tapes in einem generativen Legeverfahren stehen unterschiedliche Anlagenkonzepte zur Verfügung. Die Anlagentechnologie hat sich aus den Systemen für duroplastische Matrixwerkstoffe heraus entwickelt, welche zur Fertigung von Strukturbauteilen im Luftfahrtsektor verwendet werden. Diese Systeme ermöglichen die Fertigung großer, leicht gekrümmter, auch 2,5-D genannter, Bauteile (z.B. Flügel- und Rumpfsektionen). Derzeit eingesetzte Anlagen lassen sich in unterschiedlichsten Punkten differenzieren und beschreiben. Hauptkriterien sind hierbei die herstellbaren

Dimensionen, die zu verarbeitende Tape-Breite und die Anzahl simultan ablegbarer Tapes. Auch ist die Art der Verschweißung ein elementares Differenzierungsmerkmal. Bild 2.14 zeigt in der Form eines morphologischen Kastens grundsätzliche Variationsmöglichkeiten auf.

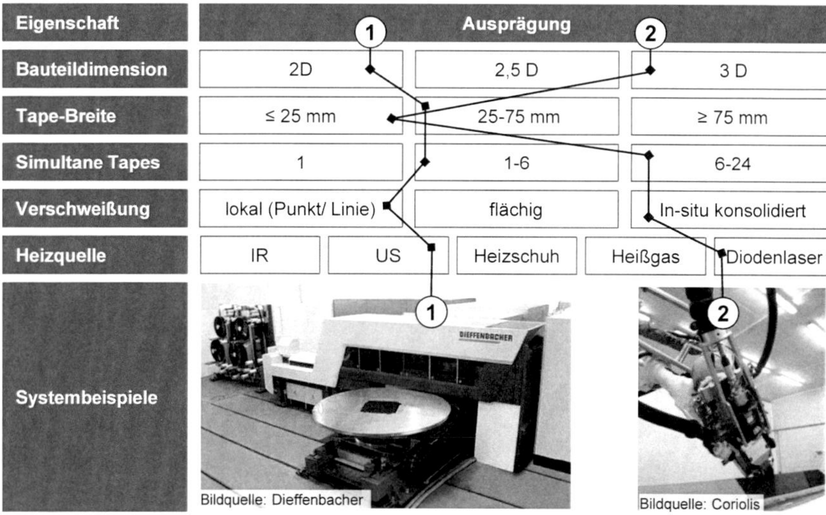

Bild 2.14: Morphologischer Kasten ausgewählter Funktionen für Tape-Legesysteme

Morphological box of selected functions for tape laying systems

Bei einer aktuellen Marktbetrachtung zeigt sich, dass viele Systeme auf eine 2D Form mit begrenzter Größe beschränkt sind. Exemplarisch ist das *FiberForge* System der Fa. Dieffenbacher, Heilbronn, dargestellt. Durch die Kombination eines lokalen Heftens per Ultraschall und dem simultanen Ablegen mehrerer breiterer Tapes (Tape-Breite > 25 mm) können mittels eines Portalsystems hohe Produktivitätsraten erzielt werden. Die Geometrie ist dabei auf flache Laminate mit einem maximalen Durchmesser von 2000 mm beschränkt [DIEF17]. Eine in-situ Konsolidierung ist mit einem solchen System ebenfalls nicht realisierbar. Des Weiteren lassen sich mit breiteren Tapes lediglich ebene oder leicht gekrümmte Oberflächen auf geraden Bahnen ablegen.

Um Laminate mit variablen Steifigkeiten herzustellen, ist es notwendig, das Tape auf gekrümmten Bahnen in der Ebene abzulegen. Diese Bahnen verlaufen nicht auf der geodätischen Linie, welche der kürzeste Weg ist. Dadurch erhöht sich die geforderte Pfadkomplexität. Darüber hinaus kann über die Tape-Breite auf kurvigen Pfaden eine Längendifferenz entstehen, welche mit der Breite zunimmt. Längendifferenzen führen jedoch zu Defekten, wodurch breite Tapes nicht für kurvige Pfade verwendet werden. Mit schmaleren Tapes wird die Ablage von Tapes auf Kurvenbahnen sichergestellt. Dementsprechend eignen sich zur Herstellung insbesondere Systeme, welche schmale Tapes verarbeiten können. Eine Auswahl möglicher Anlagen ist in Tabelle 2.6 aufgelistet.

Tabelle 2.6 Auswahl an Thermoplast-Tape-Legesystemen zur Herstellung von VSL

Selection of tape placement systems for manufacturing of VSL

Hersteller	Tape-Breiten [mm]	Anzahl paralleler Tapes	Tragsystem	Heizquelle
Compositence	12	1-16	Roboter	IR
AFPT	6-25,4	1	Roboter	Laser
Coriolis	6,35; 12,7; 25,4	1; 8; 24	Roboter	Laser / IR
Mikrosam	6,35; 12,7	2; 4; 8	Roboter/ Portal	Laser
Fraunhofer IPT	6-25,4	1	Roboter/ Portal	Laser / IR
Automated Dynamics	25,4	1	Roboter	Laser

Es zeigt sich, dass die verfügbaren Anlagen zur Ablage schmaler Tapes auf Kurvenbahnen häufig Roboter als Tragsysteme nutzen und lediglich ein Tape verarbeiten können. Hierdurch bietet sich ein großer Gestaltungsraum in der möglichen Pfadkomplexität, jedoch ist der Durchsatz ebenso beschränkt. Die Tape-Legesysteme werden des Weiteren gewöhnlich mit Diodenlasern als Heizquelle ausgestattet. Ein in-situ Konsolidierung ist für alle Polymere möglich.

Untersuchungen zur Herstellung von VSL aus Tapes

Die Machbarkeit zur Herstellung von VSL aus Tapes wurde mit unterschiedlichen Systemen gezeigt. VOR DEM ESCHE hat mit einem experimentellen Ansatz Tapes auf nicht geodätischen Bahnen abgelegt, um die Verfahrensgrenzen zu ermitteln. Das Tape-Legesystem ist an einem Portal montiert und verfügt über einen Diodenlaser als Heizquelle. Bei Tape-Breiten von 6 mm konnte für ein PEEK/CF-Tape ein minimaler Ablegeradius von 130 mm ohne eine Ablösung der Laminatschichten realisiert werden. Bei Ablegeradien von 200 mm ist bereits ein Wellen der Fasern am Kurveninnern zu erkennen [ESCH01]. Die hier entstehenden Drapiermechanismen eines Tapes sind Faserwellungen an der Kurveninnenseite durch den kürzeren Weg, sowie Faserverschiebungen der äußeren Fasern zur Kurveninnenseite. Dies hat eine lokal reduzierte Tape-Breite zur Folge (vgl. Bild 2.15). [ESCH01]

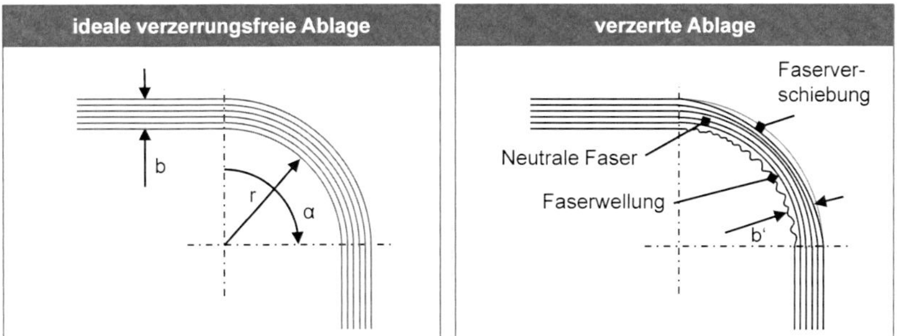

Bild 2.15: Drapierungsmechanismen eines UD-Tapes [ESCH01]

Draping mechanisms of a UD tape

Untersuchungen mit einem 12 mm breiten Tape und unterschiedlichen Kurvenradien von 200 bis 2000 mm bestätigen die Ergebnisse von VOR DEM ESCHE, siehe auch Bild 2.16 [CLAN18]. Hierbei ist zu berücksichtigen, dass die Kurvenwinkel bei den größeren Radien weitaus geringer sind und die Vergleichbarkeit der gewählten Radien beeinflusst.

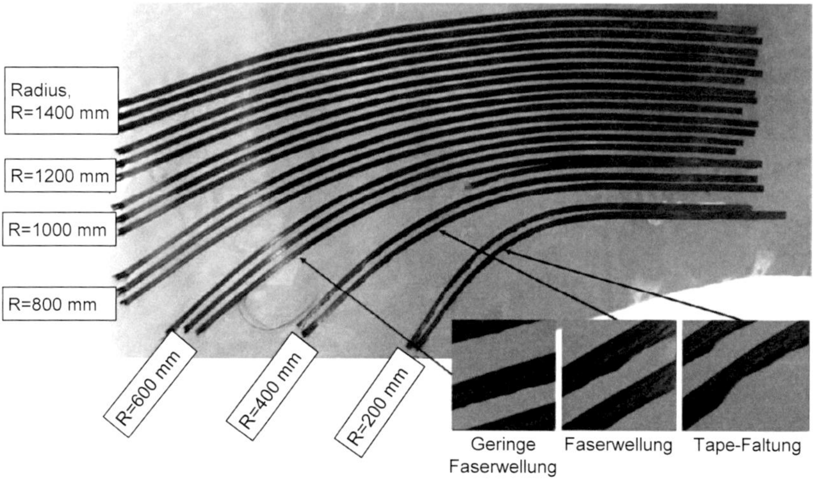

Bild 2.16: Fehlerbilder bei der Ablage von Tapes auf kurvigen Pfaden [CLAN18]

Defects during placement of tapes on curved paths

Die grundsätzliche technologische Machbarkeit zur Ablage von Tapes auf Kurvenbahnen wird mit den Untersuchungen nachgewiesen, wodurch auch Laminate mit variabler Steifigkeit herstellbar sind. Dem ungeachtet sind Restriktionen vorhanden. Die Krümmung der Tape-Bahn auf der Bauteiloberfläche ist durch das Tape beschränkt. Die Faserwellungen am Kurveninneren beeinflussen die Laminateigenschaften negativ und sind zu vermeiden. Auch sind die Faserwellungen unabhängig vom Matrixwerkstoff, da Untersuchungen mit duroplastischen Matrixwerkstoffen, wie durch BLOM und WU zu vergleichbaren Ergebnissen kommen [BLOM09a; WU09].

Verformungen der Tapes, relativ zum Ursprungszustand, lassen sich bei der Ablage von Tapes auf gekrümmten Bahnen oder Flächen nicht vermeiden. Bei Bahnkurven eines Tapes entsteht ein Längenunterschied zwischen Innen- und Außenkante. Dies kann in nicht erwünschten Verformungen der Tape-Breite und -Dicke, sowie Faserwellungen und Tape-Faltungen resultieren (siehe Bild 2.15 und Bild 2.16) [KERM15]. Zur Vermeidung von Verformungen müssen die Längenunterschiede zwischen Innen- und Außenkante berücksichtigt werden. Wird bei einer abgelegten Kurve ein relativer Längenunterschied zwischen den Tape-Kanten eingebracht, so muss ein weiteres Tape-Segment in einem Speicher zwischen dem unverarbeitetem und dem abgelegten Material existieren, welches einen analogen Längenunterschied mit umgekehrter

Orientierung aufweist. Damit bleiben beide Tape-Kanten gleich lang, siehe Bild 2.17 [KERM15].

Zur Erhöhung sowohl der Laminatqualität, als auch der Produktivität hat KERMER-MEYER ein Konzept entwickelt, welches die Ablage breiterer Tapes auf Kurvenbahnen ohne Defekte ermöglicht. Das Konzept sieht ein Konditioniermodul zur Erzeugung des oben geforderten Längenunterschieds vor. Durch ein, der Ablage vorgeschaltetes, Modul wird ein Längenunterschied zwischen den Tape-Kanten erzeugt und es entsteht eine Kurve. [KERM15]

Bei dem Konditionieren handelt es sich um einen kontinuierlichen Verformungs-Prozess, in welchem das endlos einlaufende Tape um einen definierten Winkel verdrillt wird. Diese im Konditioniermodul gespeicherte Kurve gleicht die Längendifferenz einer abgelegten Kurve aus, siehe Bild 2.17. [KERM15]

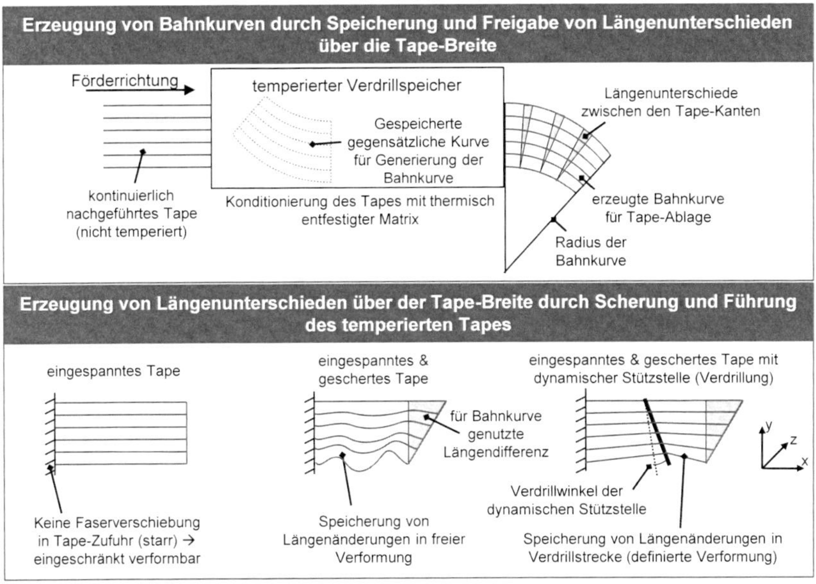

Bild 2.17: Ansatz der Tape-Konditionierung zur Erzeugung von Bahnkurven [KERM15]

Approach for tape conditioning to generate curvilinear tape paths

In einer Prozessstudie konnten reproduzierbare Tape-Kurven generiert werden. Hierbei wurden aus Tapes mit einer Breite von 25 mm Kurven mit einem 7000 mm Radius und einem Kurvenbogen von 8° hergestellt [KERM15]. Tapes können somit konditioniert werden und es ist dadurch möglich, auch mit breiteren Tapes Laminate variabler Steifigkeit ohne Qualitätseinbußen zu fertigen. Der erzielbare Radius ist jedoch immer noch sehr groß und der Kurvenbogen klein. Des Weiteren ist das Konditioniermodul mit einer Mindestlänge von 1 m äußerst groß und schwierig in bestehende Tape-Legesysteme zu integrieren.

Zwischenfazit

In dem Abschnitt wurde die Herstellung von Tapes und Laminaten erläutert. Um komplexe Laminate mit Kurvenbahnen höchster Güte zu fertigen, sind die Prozessschritte (Tape-Herstellung, -ablage und -konsolidierung) aufeinander abzustimmen. Bei den Tape-Herstellungsverfahren werden z.B. mit der Pulverimprägnierung via wässriger Lösung bisher die höchsten Tape-Qualitäten erreicht.

Die Verarbeitung von Tapes erfolgt unter anderem mit dem generativen Tape-Legeverfahren. Die thermoplastische Matrix von Tape und Substrat wird hierbei durch einen Schweißprozess gefügt, sodass kein weiterer Konsolidierungsprozess notwendig ist. Als Heizquellen haben sich photonische Prinzipien wie IR-Strahler oder Diodenlaser durchgesetzt.

Von den vielen verschiedenen Tape-Legesystemen sind nur wenige in der Lage, ohne Schädigung des Halbzeugs, komplexe Laminate mit Kurvenbahnen abzulegen. Kurvenbahnen können lediglich mit kleinen Kurvenwinkeln und sehr großen Radien bei schmaler Tape-Breite fehlerfrei abgelegt werden.

Der Ansatz von KERMER-MEYER zeigt zwar das Potential einer Vorkonditionierung ansatzweise für eine höhere Qualität und breitere Tapes anschaulich auf, jedoch sind die Möglichkeiten in der Umsetzung durch den notwendigen Bauraum und realisierbaren Kurvenwinkel sehr begrenzt. Für eine Applikation der Konditionierung sind demnach alternative Ansätze notwendig.

2.4 Anwendungen von Laminaten variabler Steifigkeiten aus Tapes

Applications of tape-based variable stiffness laminates

Sehr vielfältig sind die Möglichkeiten zur Anwendung von Laminaten mit variabler Steifigkeit. Die Luftfahrt ist seit Langem ein Treiber für den Einsatz von FVK und ist im Bereich der Carbonfaser-verstärkten Kunststoffe einer der bedeutendsten Märkte [SCHÜ07; KERM15]. Vermehrt werden Tapes auch in weiteren Industriezweigen wie dem Transport- oder Öl- & Gassektor verwendet.

Unidirektionale Halbzeuge wie Tapes und PrePregs werden in der Luft- und Raumfahrt für eine Vielzahl von Strukturkomponenten eingesetzt. Hierbei werden im Besonderen Carbonfasern genutzt. Die Boeing 787 *Dreamliner* ist das erste Großraumflugzeug mit einem Rumpf aus Carbonfasern. Ebenso bei dem A380 XWB von Airbus wird die Primärstruktur in Großteil aus FVK hergestellt. Dem Tape-Legen kommt hier eine große Rolle zu. Mit den AFP und ATL Verfahren werden bei beiden Flugzeugen Technologien zur Ablage von Bändchen genutzt.

Ebenso wird bei dem Airbus A310 ein Großteil der Struktur (z.B. Rumpf und Flügel) aus FVK mit der Ablage von Bändchen hergestellt. Der Mitsubishi Regional Jet verfügt ebenfalls über FVK in der Primärstruktur. Diese Beispiele zeigen, dass sowohl in aktuellen als auch in kommenden Flugzeugen die Nutzung von FVK und im Besonderen von Tapes erfolgreich und notwendig sind, um die Gewichtsziele zu erreichen.

2.4.1 Höhenleitwerk

Horizontal stabilizer

GKN Fokker, Papendrecht, Niederlande, führt in Kooperation mit dem niederländischen Luft- und Raumfahrtlabor (NLR) Untersuchungen zur Herstellung des Höhenleitwerks aus thermoplastischen Tapes mit dem in-situ Tape-Legen durch. Hierbei besteht das Laminat aus kurvigen Pfaden, um die Leistungsfähigkeit des Bauteils und die Herstellung zu verbessern. Ziel in dem Projekt ist ein robuster Prozess, welcher höhere Ablege-Geschwindigkeiten ermöglicht. Die Beullast konnte um 17 % durch die kurvigen Bahnen gegenüber einem konventionellen Design verbessert werden. [BRIN17]

2.4.2 Druckkalotte

Pressure bulkhead

Bei der Druckkalotte eines Flugzeugs handelt es sich um ein sensibles Bauteil. Die Druckkalotte schließt den Passagierbereich gegen das Heck luftdicht ab. Das Bauteil wurde bereits mehrmals zur Demonstration der Potentiale von Tapes und dem Tapelegen genutzt. VOR DEM ESCHE hat einen Druckspant mit einem Grunddurchmesser von 700 mm und einem Kugelradius von 720 mm mit einem Portalroboter hergestellt. Der Tape-Legekopf hat einen Nd:YAG-Laser mit Scanneroptik als Energiequelle genutzt. Das Bauteil wurde aus 8 mm breiten Carbonfaser/PA66-Tapes in einen quasiisotroper Lagenaufbau gefertigt. Die Fertigung des Demonstrators hat zum einen gezeigt, dass ein laser-unterstütztes Tape-Legen möglich ist und zum anderen, dass die Tape-Qualität für das in-situ-Verfahren nicht ausreichend ist. [ESCH01]

Die Fa. Premium AEROTEC, Augsburg, hat ebenfalls eine Druckkalotte aus Tapes für die Airbus A320-Familie entwickelt. In Zusammenarbeit mit weiteren Partnern wurde auch ein seriennaher Demonstrator in Originalgröße gefertigt. Die acht einzelnen Segmente des Bauteils wurden mit dem laserunterstützten Tape-Legen gefertigt und in einem folgenden Prozess verschweißt (siehe Bild 2.18). [PREM18] Eine Topologie- und Pfadoptimierung wurde bei dem Demonstrator nicht durchgeführt.

2.4.3 Flügelkasten

Wing box

Das Irish Composites Centre (ICOMP) hat eine Flügelbox mit neusten Materialien und Verfahren entwickelt, gefertigt und getestet. Die Flügelbox besteht aus einer Kombination von integrierten Versteifungsprofilen mit einem Laminat variabler Steifigkeit. Das Bauteil wurde mit einem in-situ Prozess im Laser-unterstützten Tape-Legen hergestellt (siehe Bild 2.18). Als Material wurde ein CF-PEEK Tape, aufgrund der guten Kombination von Steifigkeit, Festigkeit und Zähigkeits-Eigenschaften gewählt. [OLIV19]

Die Flügelbox stellt ein Demonstrator dar und orientiert sich an einem Schmalrumpfflugzeug für die Kurz- und Mittelstrecke wie ein B737 oder A320. Der Demonstrator wurde in einem voll-maßstäblichen Biege- und Scherversuch getestet. Die Testergebnisse haben die berechneten Werte beim elastischen Buckeln bestätigt. Im Vergleich zu klassischen Laminaten wurde eine Verbesserung von 14,5 % erzielt. Die Ergebnisse zeigen sowohl das Potential als auch die Fähigkeit von Tapes und des in-situ Prozesses für primäre Strukturkomponenten in der Luftfahrt. [OLIV18]

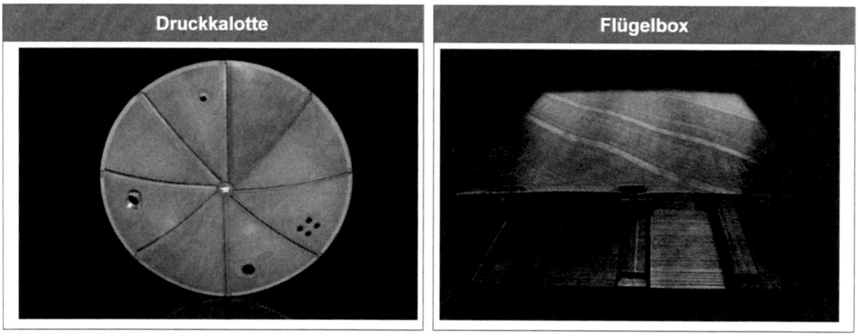

Bild 2.18: Thermoplastische Druckkalotte eines A320-Flugzeugs [PREM18] und CF-PEEK Flügelkasten mit Laminat variabler Steifgkeit hergestellt im in-situ Laser-unterstützten Tape-Legen [WEAV19]

Thermoplastic pressure bulkhead of A320 aircraft and CF-PEEK variable stiffness wingbox manufactured with in-situ laser-assisted tape-placement

2.5 Qualitätssichernde Systeme beim Tape-Legen

Quality control systems for tape placement

Der Anspruch an hohe Bauteilqualitäten und geringe Ausschussraten bei gleichzeitig geringen Herstellkosten erfordert zusätzliche qualitätssichernde Maßnahmen im Tape-Verarbeitungsprozess. Diese können sowohl vor als auch in die Fertigung integriert werden, oder im Anschluss durch eine Endprüfung. Zu beachten ist, dass in dem Zeitraum zwischen der Fehlerentstehung und -entdeckung nicht wertschöpfende Leistungen anfallen. In Bild 2.19 werden exemplarisch die entstandenen Fertigungskosten mit einer Endkontrolle den idealen Kosten und den Kosten mit fertigungsintegrierter Qualitätssicherung gegenübergestellt.

Wird lediglich eine Endprüfung durchgeführt, durchlaufen auch nicht konforme Bauteile die gesamte Fertigung und führen zu vermeidbaren Opportunitätskosten. Mit fertigungsintegrierten Prüfsystemen wird die Prozessfähigkeit verbessert und zusätzliche Leistungen reduziert. Hierbei wird während und/ oder zwischen den einzelnen Fertigungsschritten auf Abweichungen geprüft. Die Prozesskosten werden dadurch gesenkt und das Qualitätsniveau steigt.

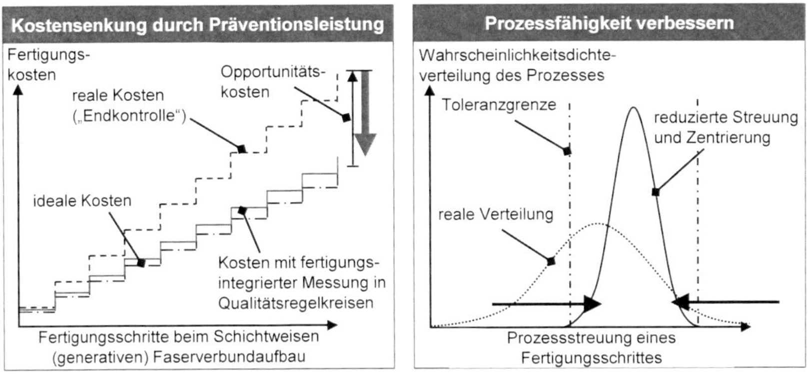

Bild 2.19: Zielbild zur Kostensenkung durch integrierte Qualitätsmaßnahmen [MERS13]

Target image for cost reduction by integrated quality measure

2.5.1 Fertigungsmesstechnik im Produktionsprozess

Production measurement technology in manufacturing processes

Zur Integration von Fertigungsmesstechnik in den Produktionsprozess existieren verschiedene Ausprägungen, von fertigungsfern bis zur In-Prozess-Integration. Eine fertigungsferne Messtechnik, die oft unter Laborbedingungen zum Einsatz kommt, ist nahezu frei von Störeinflüssen, ermöglicht meist sehr präzise Messungen und hat lange Reaktionszeiten, um Einfluss auf den Prozess zu nehmen. Messungen im Stichprobenumfang sind hier üblich. Inline und Maschinen-integrierte Messtechnik ermöglicht bereits eine 100 % Prüfung, jedoch findet diese immer erst nach dem Fertigungsprozess in einem einzelnen Prozessschritt statt, siehe auch Bild 2.20. [SCHM08]

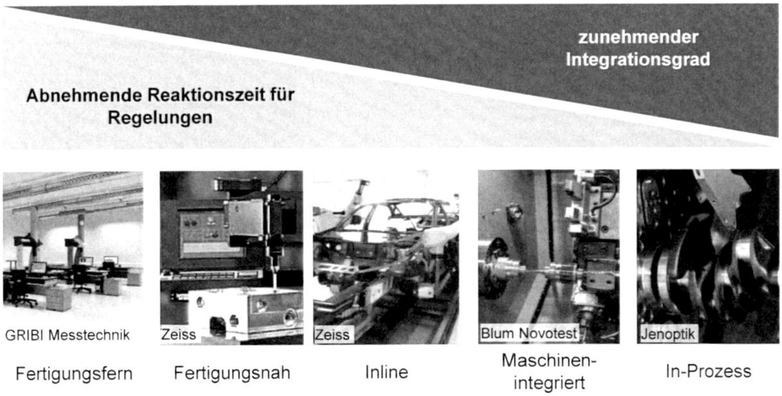

Bild 2.20: Ausprägungen der Messtechnikintegration im Produktionsprozess [SCHM08]

Various metrology integration levels within production process

Die In-Prozess-Integration benötigt keinen zusätzlichen Prozessschritt und wird zeitgleich zur eigentlichen Fertigung durchgeführt. Die Messung findet kontinuierlich statt und die Daten können für eine Regelung des jeweiligen Prozessschritts genutzt werden. Die Messdaten lassen sich direkt mitschreiben und mit den weiteren Prozessdaten archivieren. Korrelation zwischen Mess- und Fertigungsdaten sind dadurch einfach nachzuvollziehen. Nachteilig sind die Flexibilität und die initialen Aufwände. Das Messmittel muss in das Produktionssystem integriert werden und ein Systemwechsel kann mit Umbaumaßnahmen für die Messtechnik verbunden sein. Ebenso ist durch die Einflüsse des Fertigungsprozesses auf die Messung von einer höheren Messunsicherheit auszugehen. [WITT15]

2.5.2 Fertigungsintegrierte Qualitätssicherung beim Tape-Legen

Production integrated quality control for tape placement

Um eine Qualitätssicherung durchführen zu können, sind in einem ersten Schritt die Kriterien festzulegen. In Luftfahrt-Applikationen werden verschiedene Defekte (siehe auch Bild 2.21) als ausschlaggebend für die Produktion und Qualitätssicherung von FVK-Bauteilen aus UD-basierten Halbzeugen eingeordnet [DIN91] [SCHL17]. Diese sind:

- Genauigkeit der Tape-Enden (Laminatgrenzen)
- Überlappungen und Lücken zwischen den einzelnen Tapes
- Fremdkörper
- Defekte, z.B. Falten und Delaminationen

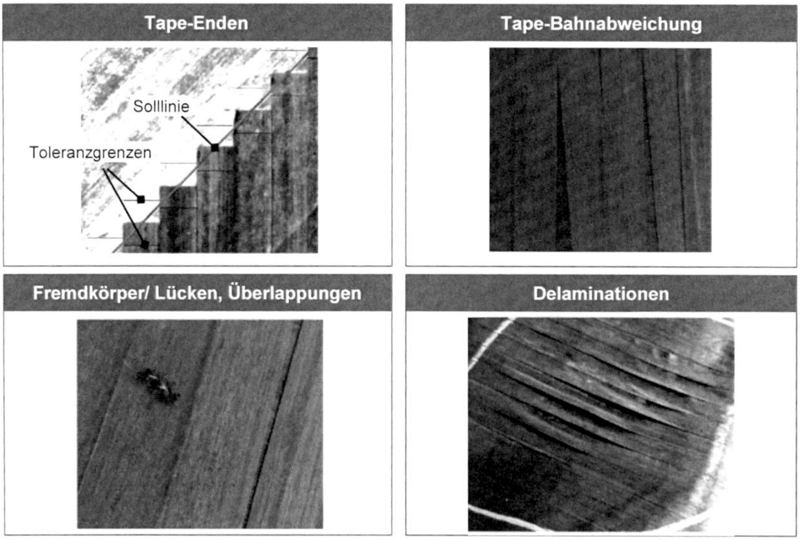

Bild 2.21: Kriterien zur visuellen Überprüfung Tape-gelegter Laminate [CEME15]

Criteria for visual inspection of tape placed laminates

Zusätzlich sind Bahnabweichung von dem Soll-Pfad ein potentieller Defekt, siehe Bild 2.21. Bahnabweichungen resultieren sowohl in Überlappungen und Lücken als auch in Abweichungen gegenüber den ausgelegten Laminateigenschaften. Wie dem Bild 2.21 zu entnehmen ist wurden bei den Tape-Enden die Tapes innerhalb zulässiger Toleranz abgelegt, sodass kein Defekt vorliegt.

Bei der Tape-Verarbeitung sind verschiedene Maßnahmen zur fertigungsintegrierten Qualitätssicherung verbreitet. Dies ist zum Beispiel die visuelle Begutachtung einer abgelegten Lage durch den Bediener. Hierbei prüft dieser die gesamte abgelegte Fläche auf Defekte, wie zum Beispiel fehlende oder schlecht platzierte Tapes. Die manuelle Inspektion ist sehr zeitintensiv und es werden viele Defekte übersehen. Inklusive der Fehlerbehebung summiert sich die Stillstandszeit des Ablegesystems auf 32 % [RUDB14] bis 65 % [HALB12] der Produktionszeit. Nicht detektierte Fehler führen darüber hinaus zu hohen Reparaturaufwänden und Ausschüssen [SCHM17]. Aus diesem Grund werden vermehrt automatisierte, optische Systeme genutzt, um Defekte zu erkennen und auch zu klassifizieren. Eine Auswahl automatisierter Prüfsysteme werden im Folgenden vorgestellt.

ElectroImpact

Die Fa. ElectroImpact, Mukilteo, USA, hat ein System entwickelt, welches das Laminat mit einem Laserprojektor scannt und automatisch verarbeitet und unter anderem die Laminat- und Tape-Grenzen erkennt. Das System ist in der Lage, die tatsächlichen Grenzen mit den geplanten zu vergleichen und zu bewerten. Mittels eines Laser-Profilometers wird zusätzlich die Oberfläche abgetastet und auf Überlappungen, Lücken, Fremdkörper und Defekte geprüft. Zur parallelen Inspektion während der Ablage kann das Laser-Profilometer direkt an den Ablagekopf angebracht werden. [CEME17]

Das Verfahren wird bei der Bauteilherstellung aus duroplastischen Prepreg-Materialien in Ablege-Verfahren eingesetzt. Mit der nachträglichen Prüfung kann das Laminat nahezu vollständig automatisiert geprüft werden. Eine Nutzung der Sensor-Daten für die Prozessregelung wird mit dem Verfahren nicht durchgeführt.

Apodius/ Mersmann

Das Unternehmen Apodius, Aachen, bietet ebenfalls Systeme zur Bestimmung von Bauteilgeometrie, Faserorientierungen und zur Detektion von Fehlern an. Die verwendete Technik ist mit einer Kombination aus Kamera und Laser-Profilometer vergleichbar zu dem ElectroImpact-System. Durch den ursprünglichen Einsatz für das Flechten ist eine Erkennung des Faser-Winkels auf stark gekrümmten Flächen möglich. Das Vorgehen basiert auf dem Konzept von MERSMANN, welcher ein Machine-Vision-Messsytem und deren Fertigungsintegration beschreibt. Durch die Integration in ein Produktionssystem wird die Messung direkt nach Ablage durchgeführt. Die aufgenommenen Daten werden zur Bewertung der Laminatqualität genutzt, jedoch nicht zur aktiven Prozessregelung. [MERS13]

Das System von Apodius bietet eine zusätzliche Integration in den Fertigungsprozess. Bei stark gekrümmten Ablegeflächen wird das System als leistungsfähiger eingeschätzt, da auch kleine und komplexere Bauteile vermessen werden können. Ein aktiver Eingriff in den Prozess, zum Beispiel durch eine Regelung, ist nicht vorgesehen.

Krombholz

KROMBHOLZ entwickelt am Deutschen Institut für Luft- und Raumfahrt (DLR) ein integriertes Qualitätssicherungssystem für die Ablage von PrePregs. Dieses ist speziell angepasst für die am DLR vorhandenen Forschungsanlage *GroFi* zur Herstellung von Großbauteilen mit dem AFP. Es werden Sensorsysteme für eine verbesserte Genauigkeit und optimierte Toleranzen eingesetzt. Mittels eines, am Ablegekopf befestigten, Lichtschnittsensors werden hierbei die Kanten der bereits abgelegten Tapes detektiert. Durch die NC-gesteuerte Roboterkinematik erfolgt dann eine online Pfadkorrektur, um eine definierte Lücke zwischen den Tapes zu erreichen. [KROM12]

Der Ansatz ist für duroplastische Matrixmaterialen entwickelt worden und betrachtet nicht die Besonderheiten von Tapes. Ebenso wird die Sensorik nicht zur Bewertung der Qualität genutzt. Auch eine Anpassung der Bahn ist als kritisch zu bewerten, da durch eine Pfadanpassung zugunsten einer definierten Lücke die Faserorientierung geändert werden kann. Dies kann ebenfalls in einer reduzierten Bauteilqualität resultieren.

Witte

WITTE hat ein Konzept zur Detektion und Vermeidung von Prozessfehlern beim Laserunterstützten in-situ Tape-Wickeln ausgearbeitet. Ein Weißlichtinterferometer wird zur Detektion des Spalts zwischen den Tapes verwendet. Durch die Integration im Tape-Wickelkopf kann der Spalt somit direkt nach der Tape-Ablage bestimmt werden. Des Weiteren sollen die Daten in die Steuerung zurückgeführt werden und der Pfad entsprechend der geforderten Spalttoleranzen angepasst werden. [WITT15]

Mit dem Ansatz werden Lücken zwischen den Tapes beim in-situ Tape-Wickeln direkt adressiert und die Material- und Prozesseigenheiten beachtet. Weitere mögliche Fehler wie z. B. Fremdkörper werden nicht detektiert. Auch hier ist eine abweichende Faserorientierung durch den geänderten Pfad als kritisch zu betrachten.

Suragus

Die Fa. Suragus, Dresden, verwendet das Wirbelstromverfahren. Durch die Messung lokaler Leitfähigkeitsunterschiede werden Qualitätsmerkmale wie zum Beispiel Lücken, Überlappungen, Faserorientierung und Tape-Breite bestimmt. Das Verfahren eignet sich zur Onlineüberwachung und Prozesskontrolle bei der Ablage von Carbonfasern und wird nach der Materialablage eingesetzt. Die Oberfläche wird mit dem Wirbelstromverfahren nicht überwacht. [SURA18]

CETIM/ Guillan

Die französische, technisch fokusierte Forschungsorginsation CETIM hat ein Qualitätssicherungssystem für Tapes entwickelt. Eine Eigenschaft des Systems ist die Bestimmung der Tape-Dicke und -Breite während eines Umspulvorgangs. Die Tape-Dimensionen werden mit einem Laserscanner gemessen. Bei dem hier verfolgten Ansatz wird dem Tape-Verarbeitungsprozess ein weiterer Schritt hinzugefügt, wodurch sich die Fertigungsdauer und -kosten erhöhen. [GUIL19]

Weitere Ansätze, wie zum Beispiel durch SCHLEGEL oder UHART in dem IMPALA-Forschungsprojekt, nutzen ebenfalls optische Messtechnik, um nach der Ablage Defekte im Laminat zu ermitteln [SCHL17; UHAR14]. Diese sind von der prinzipiellen Umsetzung jedoch vergleichbar mit den hier dargestellten Lösungen.

Zwischenfazit

Für das Tape-Legen existieren verschiedenste Qualitätssicherungs-Ansätze von manuell bis automatisiert. Die hier beschriebenen Lösungen führen mit automatischen Inspektionssystemen eine detaillierte statistische Analyse der Fertigungsqualität nach der Tape-Ablage aus. Auch ist eine Inline-Prozessregelung von Lücken und Überlappungen durch eine Online-Pfadanpassung möglich. Kritisch anzumerken ist hierbei, dass Abweichungen in der Faserorientierung auftreten können. Demnach ist eine Pfadanpassung für das in-situ Tape-Legen komplexer Laminate nicht zielführend. Der Ansatz von GUILLAN führt bereits eine Untersuchung des Tapes vor der Ablage durch, erzeugt damit auch einen weiteren Prozessschritt.

Bei dem in-situ Tape-Legen wird das Tape, wie bereits beschrieben, mit dem Laminat verschweißt. Ein nachträgliches Entfernen und Korrigieren des Tapes ist dementsprechend kaum möglich. In Bezug auf ein ganzheitlicheres Qualitätsverständnis für das Tape-Legen ist ein prädiktiver Ansatz notwendig. Dies wäre mit der Integration von In-Prozess-Messtechnik, zum Beispiel durch die Überwachung des einlaufenden Materials, möglich. Da die bekannten Ansätze diesen Anforderungen aktuell nicht gerecht werden, liegt ein Forschungsbedarf für In-Prozess-Messtechnik beim Tape-Legen vor.

2.6 Fazit zum Stand der Technik

Conclusion to the state of the art

Faserverstärkte Kunststoffe sind sowohl äußerst leistungsstark als auch sehr variabel einsetzbar. Durch die Zusammensetzung und Struktur von FVK ergibt sich eine nahezu unbegrenzte Designfreiheit. So werden mit der Optimierung von Faserorientierungen und Anordnung signifikante Verbesserungen in der Leistungsfähigkeit erzielt. Insbesondere die Herstellung komplexer Laminaten aus PrePregs und Tapes wird vermehrt in Forschung und Industrie untersucht und verfolgt. Eine Änderung der Tape-Pfadrichtung über die Tape-Länge reduziert beispielsweise lokale Spannungsspitzen. Mit einer Winkeländerung eines Tape-Pfads von 9° wird bereits die Leistungsfähigkeit von Laminaten verbessert. Parallele Produktentwicklungsansätzen gewährleisten, dass bereits frühzeitig während der Bauteilauslegung auch auf eine wirtschaftliche und machbare Herstellung geachtet wird.

Jedoch kann nur mit robusten Fertigungstechnologien das Potenzial von FVK ausgenutzt werden. Im Bereich der Duroplaste ist dies mit AFP-Systemen für PrePregs begrenzt möglich und bereits etabliert. Nachteilig bei den Duroplast-basierten Materialien sind jedoch die Bauteilkosten und Herstellungsdauer.

Daher ist ein klarer Trend zum Einsatz thermoplastischer FVK zu erkennen. Tapes bieten das Potenzial einer effizienteren Fertigung. Durch die geschickte Kombination von Halbzeugen und Prozessen ist es möglich, höhere Durchsätze zu erreichen und Prozesse ineinander zu integrieren. Um eine konstante Qualität und einen geringen Ausschuss bei niedrigen Kosten zu garantieren, ist eine fehlerfreie positions- und richtungsgenaue Tape-Ablage und -Verschweißung notwendig. Aktuell mangelt es aber an ebensolchen Produktionssysteme, welche komplexe Laminate mit oben genannten Kurvenwinkeln in hoher Qualität wirtschaftlich herstellen können.

Derzeitige Produktionssysteme sind zur wirtschaftlichen Fertigung komplexer Laminate aus Tapes nur begrenzt fähig. Für einen defektfreien Kurvenpfad sind aktuell schmale Tapes von maximal 6 mm notwendig. Dies führt wiederum zu einem geringen Durchsatz und potentiellen Defekten an den Tape-Kanten mit Überlappungen und Lücken. Mit dem Ansatz von KERMER-MEYER ist eine grundsätzliche vielversprechende Idee vorhanden. Ein solches Modul ist durch den benötigten Bauraum jedoch nicht in ein vorhandenes Tape-Legesystem integrierbar und die realisierbaren Kurvenwinkel mit max. 8° sind nicht ausreichend. Somit liegt ein Mangel an Produktionssystemen zur wirtschaftlichen Herstellung komplexer Laminate vor.

Des Weiteren sind zusätzliche qualitätssichernde Maßnahmen nötig. Aktuell werden Messsysteme vermehrt zur Laminatkontrolle angewendet. Diese substituieren die manuelle Inspektion und haben sich als deutlich effizienter erwiesen. Dennoch werden diese Messsysteme selten zur Prozesskontrolle eingesetzt. Für das in-situ Tape-Legen sind proaktive Ansätze notwendig, um eine hohe Laminatqualität sicherzustellen. Allerdings sind aktuell keine Ansätze der In-Prozess-Messtechnik bekannt, welche diese Anforderung aktuell erfüllen.

Aus dem Stand der Erkenntnisse ergibt sich zusammenfassend folgender Bedarf für höhere Laminatqualitäten beim Tape-Legen:

- Die zu verarbeitenden Tapes sollten vor der Ablage bereits überwacht werden. Dadurch lässt sich der Prozess und somit auch die Laminatqualität proaktiv regeln.
- Zur Fertigung von Laminaten mit kurvigen Tape-Bahnen sind die Prozessgrenzen zu erweitern. Dies betrifft geringere Kurvenradien, größere Kurvenwinkel und die Verarbeitung breiterer Tapes.

3 Aufgabenstellung und Zielsetzung

Task definition and objective

Gemäß dem Stand der Erkenntnisse besteht ein wirtschaftlicher und gesellschaftlicher Nutzen und Bedarf für den Einsatz effizienter, additiver Produktionsverfahren, wie dem Tape-Legen, zur Herstellung nachhaltiger Leichtbaukomponenten. Produktionstechnische Restriktionen, beispielsweise Defekte und beschränkte Bauteilkomplexität, verhindern jedoch zurzeit einen breitenwirksamen Einsatz der Technologie. Dass es hierfür noch keine adäquaten Lösungen gibt, ist auf bisher nicht hinreichende Modelle und Qualitätssicherungssysteme zurückzuführen, welche die bedarfsgerechte Nutzung des Tape-Legeverfahrens und der dafür notwendigen Systeme ermöglichen.

Das zentrale Ziel der Arbeit ist, eine höhere Qualität mit dem Tape-Legen, insbesondere bei komplexen Laminataufbauten mit gekrümmten Bahnkurven, erzielen zu können. Das Gesamtziel lässt sich in aufeinander aufbauende Teilziele untergliedern.

In einem ersten Schritt wird ein Prozessmodell zur kontinuierlichen Konditionierung des zu verarbeitenden Tapes entwickelt. Mit Hilfe des Modells wird angestrebt, die Prozessgrenzen zur Herstellung von in-situ Laminaten auf komplexere Pfade, wie zum Beispiel Kurvenbahnen, zu erweitern.

Im Anschluss wird ein Ansatz zur kontinuierlichen Tape-Überwachung prozessrelevanter Tape-Eigenschaften entwickelt. Ziel ist es mit der Tape-Überwachung eine adaptive Prozessregelung zu ermöglichen. Hierzu werden die qualitätsbeeinflussenden Größen im Rahmen einer Systembeschreibung erfasst, systematisiert und bewertet. Auf Basis der Systembeschreibung werden die Tape-Kriterien abgeleitet, welche vor der Ablage zu überwachen sind.

Im Ergebnis soll die Arbeit ein Vorgehen und die hierfür notwendigen Werkzeuge bieten, um komplexe Laminate sowohl wirtschaftlich als auch in hoher Qualität aus Tapes fertigen zu können.

3.1 Wissenschaftliche Fragestellungen

Scientific questions

Unter Berücksichtigung der gewählten Fokussierung auf das Tape-Legen komplexer Laminate und dem erläuterten Forschungsziel ergeben sich folgende forschungsleitende Frage und hieraus abgeleitete Teilforschungsfragen, welche in dieser Arbeit beantwortet werden sollen:

> *Können mit einer systematischen Tape-Konditionierung und einer kontinuierlichen Tape-Überwachung verbesserte Laminatqualitäten im Tape-Legen erzielt werden?*

1.) Ist durch eine systematische Tape-Konditionierung die Herstellung lateral gekrümmter Tapes möglich? Könnten darüber hinaus durch Anpassung konventioneller Tape-Legesysteme lateral gekrümmte Tapes zu Laminaten verarbeitet werden?

2.) Können mit einer, im Tape-Legesystem integrierten, Tape-Überwachung qualitätsbestimmende Eigenschaften des Tapes während der Laminatablage erfasst werden?

Bevor die Forschungsfragen beantwortet werden, wird folgend eine Einordnung der Arbeit vorgenommen, sowie Forschungsmethodik, Aufbau und die Vorgehensweise erläutert.

3.2 Vorgehensweise

Procedure/ Approach

Die wissenschaftliche Aufbereitung der Problemstellung lehnt sich an bestehende Konzepte der Wissenschaftstheorie an. Im Bereich der angewandten Wissenschaften, so auch die Ingenieurwissenschaften, gilt es technische oder soziale Systeme zu gestalten [ULRI79]. ULRICH hat für die angewandten Wissenschaften einen Forschungsprozess entwickelt, welcher sich von den Grundlagenwissenschaften unterscheidet. Die hiermit gewonnenen Erkenntnisse leisten abschließend einen Beitrag für die Praxis. [ULRI01]

Basierend auf der Forschungsmethodik wird der Forschungsprozess dargelegt. Die Arbeit ist hierzu in sieben Kapitel untergliedert. Mit der *Einleitung* (1) und dem *Stand der Technik in Forschung und Industrie* (2), sowie *Aufgabenstellung und Zielsetzung* (3) werden vor allem die Erfassung und Typisierung praxisrelevanter Probleme und relevante Verfahren behandelt. Die Ableitung von Beurteilungskriterien und Prozessmodellen erfolgt mit dem Abschnitt *Entwicklung des Prozessmodells* (4). Im Kapitel *Tape-Twist Konditioniermodul* (5) wird basierend auf dem Prozessmodell ein Prüfstand entwickelt und das Modell validiert. Für den Ansatz zur *Entwicklung einer kontinuierlichen Tape-Überwachung* wird in Kapitel (6) ein Messsystem aufgebaut und untersucht. Im Abschnitt *Zusammenfassung und Ausblick* (7) werden die Anwendungen mit der praxisrelevanten Problemstellung in Zusammenhang gebracht.

4 Entwicklung des Prozessmodells

Development of process model

Das Prozessmodell ist die Basis für die Implementierung eines geeigneten Konditionier- und Messsystems beim Tape-Legen. In einem ersten Schritt werden Ansätze für eine verbesserte Qualität beim in-situ Tape-Legen beschrieben. Im Anschluss werden die Ansätze des Tape-Konditionier-Moduls und des Tape-Überwachungs-Tool mit den jeweiligen Systemgrenzen entwickelt und erläutert.

4.1 Ansätze für eine verbesserte Qualität beim in-situ Tape-Legen

Approach for improved quality with in-situ tape-laying

In dieser Arbeit werden Ansätze erarbeitet, wodurch sich die Qualität beim in-situ Tape-Legen steigern lässt. Dabei werden die Ansätze an bestehenden Produktionssystemen aufgezeigt, welche eine allgemeine Anwendbarkeit sicherstellen soll. Mit der Anwendung von Prozess-Eigenschafts-Designs wird in dieser Arbeit eine Optimierung des Prozesses und des Bauteils angestrebt, siehe Bild 4.1. Idealerweise ermöglichen die hier entwickelten Ansätze eine Mehrzieloptimierung.

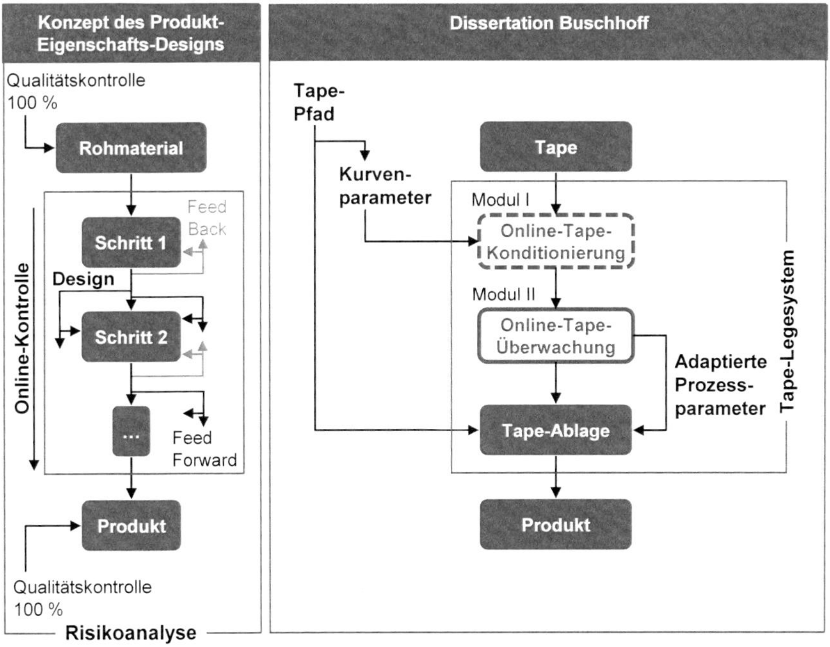

Bild 4.1: Konzept des Produkt-Eigenschafts-Designs [KESS06] (links) mit Ansatz zur verbesserten Qualität beim in-situ Tape-Legen (rechts)

Concept of product functionality design (left) with approach for improved quality for in-situ tape placement

Bezüglich der Prozessführung ist zwischen zwei Optionen zu entscheiden. Bei der *„open loop feed forward"* Kontrolle werden Abweichungen in der Eingangsgröße detektiert und folgend die Prozess-Steuerung aktiv angepasst, noch bevor das Material verarbeitet wurde. Es sind hierzu eine variable Adaption der Prozessparameter und die Kenntnis der Einflussparameter auf die Qualität elementar. Alternativ ist ein *„closed loop feed back"* möglich. Die Verarbeitungsparameter werden hierbei auf Basis des Prozessresultats angepasst. Im Rahmen dieser Arbeit wird der *„open loop feed forward"*-Ansatz gewählt, da eine aktive Regelung des Prozesses auf Basis des Eingangsmaterials möglich ist. [KESS06]

Der grundlegende Ansatz in dieser Arbeit ist es, eine wissensbasierte Prozessführung beim Tape-Legen zu ermöglichen, welche das zu verarbeitende Tape berücksichtigt und modifiziert. Dies geschieht über zwei miteinander kombinierbare Module. Um komplexe Pfade mit hoher Qualität zu fertigen, wird ein Modul entwickelt, welches das Tape direkt vor der Ablage modifiziert. Mit einem zusätzlichen Überwachungsmodul werden eventuelle variierende Rohstoff- oder Halbzeug-Qualitäten beim einlaufenden Tape detektiert. Über eine entsprechend modifizierte Prozessführung wird immer noch das gleiche Endprodukt erzielt. Die Module können in Kombination verwendet werden und ermöglichen damit den höchsten Nutzen. Eine Anwendung der einzelnen Module ist ebenso möglich, siehe Bild 4.1.

Bei der Prozessentwicklung wird in einem ersten Schritt eine Systembeschreibung durchgeführt. Diese hat das Ziel, die Einflussparameter und die Grenzen des aktuellen Prozesses aufzuzeigen und bilden den Rahmen für die hier zu entwickelten Module der Tape-Konditionierung und Tape-Überwachung. Auf Basis der Systembeschreibung werden die elementaren Einflussfaktoren abgeleitet und die Modelle für die Tape-Konditionierung und Tape-Überwachung entwickelt.

Für die Systembeschreibung wird der Ansatz der allgemeinen Systemtheorie verfolgt. Bei der Allgemeinen Systemtheorie handelt es sich um einen interdisziplinären Ansatz, insbesondere zur Untersuchung konkreter und komplexer Lebensprobleme [ROPO05]. Von SCHWANINGER wurde die Systemtheorie treffenderweise als *formale Wissen von der Struktur, den Verknüpfungen und dem Verhalten komplexer Systeme* definiert [SCHW04]. Der gewählte Ansatz ermöglicht eine allgemeingültige Definition zur Beschreibung und Lösung der in dieser Arbeit thematisierten Probleme.

Mittels eines Parameterdiagramms wird die qualitative Systembeschreibung visualisiert, siehe Bild 4.2. Das Diagramm stellt die Wandlung von Eingangs- in die Ausgangsgrößen unter Einfluss der Steuer- und Störgrößen dar. Die Steuer-, Eingangs- und Störgrößen nehmen Einfluss auf das System.

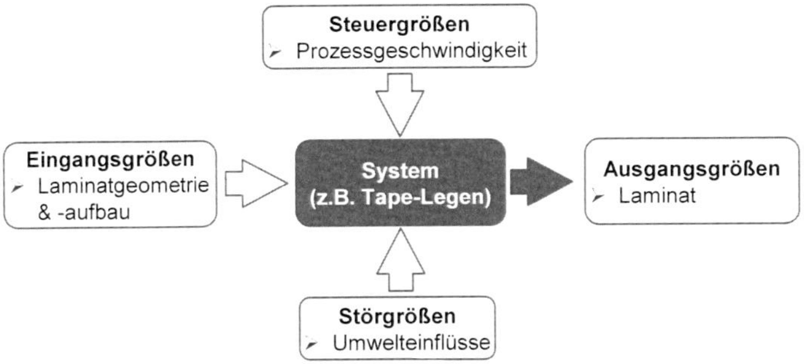

Bild 4.2: Beispiel Parameterdiagramm Tape-Legen

Exemplary parameter diagram tape placement

Mit dem Tape-Legen wird das Parameterdiagramm exemplarisch erläutert. Die Eingangsgrößen sind Vorgaben, zum Beispiel durch die Definition von Laminatgeometrie, Lagenaufbau und Laminatanforderungen durch den Auftraggeber. Mit den Steuergrößen lässt sich das System lenken und gestalten. Für das Tape-Legen sind dies die Produktionsparameter, unter anderem Prozessgeschwindigkeit, Ablegelogik und Tape-Breite. Störgrößen, wie zum Beispiel wechselnde Umgebungseinflüsse und Tape-Eigenschaften, wirken ebenfalls auf das System und beeinflussen negativ die Ausgangsgröße in Form des Laminats. Die Ausgangsgrößen sind Ergebnisse des Systems, hier das gefertigte Laminat, welche sowohl wünschenswerter, den Anforderungen entsprechend, aber auch unerwünschter Ausprägung sein können.

4.2 „Tape-Twist"-Ansatz zur kontinuierlichen Konditionierung

„Tape-Twist" approach for continuous conditioning

Für die Herstellung von Laminaten variabler Steifigkeit werden die Tapes auf kurvigen, meist S-förmigen Bahnen abgelegt. Wie bereits im Stand der Technik dargelegt, entsteht bei der Ablage von Kurven eine Längendifferenz zwischen der inneren Tape-Kurvenstrecke und der äußeren Tape-Kurvenstrecke. Konventionelle Systeme können diesen Unterschied nicht ausgleichen. Am Kurveninneren entstehen dadurch Faser-Ondulationen und die äußeren Fasern des Tapes werden zum Kurveninneren gezogen, wodurch sich die Tape-Breite reduziert [ESCH01; HÖRM16].

Die Einflussfaktoren auf die Kurvenablage wurden bereits in mehreren Arbeiten untersucht, unter anderem durch BERESHEIM, siehe Bild 4.3 links. Der Radius hat demnach den größten Einfluss und je kleiner dieser gewählt wird umso größer ist die Faltenbildung. Der zweitgrößte Einflussfaktor ist nach BERESHEIM die Tape-Breite. Je breiter das Tape, desto größer sind auch die Laminatschädigungen. So belaufen sich die minimalen Kurvenradien bei 3,175 mm breiten PrePregs mit duroplastischer Matrix auf 635 mm und bei einer Breite von 12,7 mm auf einen Radius von 8890 mm. Bei kleineren Radien sind die Faserondulationen nicht mehr akzeptabel [BLOM10]. Auch bei Verwendung einer thermoplastischen Matrix entstehen diese Ondulationen, wodurch die Werte auch auf Tapes übertragen werden können [CLAN18]. Darüber hinaus hat die dynamische Viskosität einen Effekt auf die Faltenbildung bei der Ablage von lateralen Kurvenbahnen.

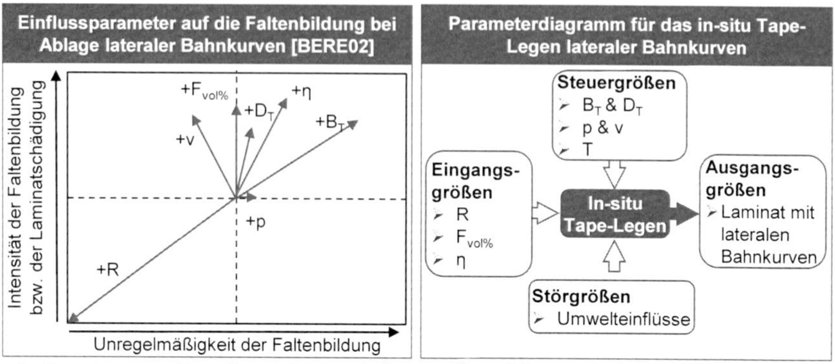

B_T: Tape-Breite $F_{vol\%}$: Faservolumengehalt p: Konsolidierungsdruck
D_T: Tape-Dicke η: dynamische Viskosität v: Ablegegeschwindigkeit
R: Radius T: Temperatur

Bild 4.3: Einflussparameter auf die Faltenbildung beim in-situ Tape-Legen lateraler Bahnkurven [BERE02]

Parameters on fiber wrinkles with in-situ tape placement of curvilinear fiber paths

Bei der Darstellung der Einflussfaktoren in einem Parameterdiagramm wird ersichtlich, welche Faktoren beeinflusst werden können, um eine Faltenbildung zu reduzieren, siehe Bild 4.3. Vorgegeben sind demnach insbesondere der Radius und der Faservolumengehalt. Eine Anpassung dieser Parameter ist nicht möglich. Die dynamische Viskosität hingegen wird insbesondere durch den Matrixwerkstoff bestimmt. Bei Kunststoffschmelzen liegt häufig ein strukturviskoses Verhalten vor, wodurch mit zunehmender Schergeschwindigkeit die Viskosität abnimmt [DOMI12]. Ebenso wurde im Abschnitt Matrixmaterialien (2.1.2) die Temperaturabhängigkeit der Viskosität erläutert, wodurch sich bei steigender Temperatur die Viskosität reduziert. Demnach kann die Viskosität über die Steuergrößen Ablegegeschwindigkeit und Temperatur beeinflusst werden. Ein kleinerer Radius resultiert auch zu höheren Schergeschwindigkeiten über die Tape-Breite, jedoch ist der direkte Einfluss auf die Faltenbildung und Laminatschädigung eines kleinen Radius größer als eine reduzierte Viskosität. Ein dünnes und insbesondere schmales Tape resultiert in geringeren Laminatschädigungen. Bei einem Tape-Legesystem zur Ablage von einem einzigen Tape reduziert sich damit auch der Durchsatz und ist wirtschaftlich weniger attraktiv.

Mit einer Konditionierung des Tapes wird bereits vor der Ablage die abzulegende Kurve erzeugt. Somit können für Kurvenpfade auch breite Tapes verwendet werden, ohne dass unerwünschte Faserwellungen entstehen. Dadurch werden sowohl eine höhere Laminatqualität als auch ein gesteigerter Materialdurchsatz angestrebt.

Zur Einbringung der Kurve wird das Tape über die Breite geschert. Dies geschieht durch ein zusätzliches Modul unmittelbar vor der Ablage, sodass die erzeugte Kurve direkt abgelegt werden kann. Dabei ist zu beachten, dass der abgelegte Kurvenwinkel in dem Modul in gegensätzlicher Richtung gespeichert ist. In vielen VSL verlaufen die Tape-Bahnen auch in S-Kurven, aus diesem Grund wird die gegensätzlich vorliegende Kurve in dem Modul zeitnah wieder abgelegt.

4.2.1 Tape-Twist-Ansatz

Approach

Wie bereits dargestellt, ist die Kernidee des Tape-Twist-Verfahrens, defektfreie Kurvenbahnen mit Tapes abzulegen. Wird eine Kurve abgelegt, entsteht ein Längenunterschied zwischen den Tape-Kanten. Der Tape-Twist-Ansatz hat zum Ziel, diesen Längenunterschied temporär zu speichern und bei Bedarf wieder freizugeben. Mit der Freigabe des Längenunterschieds wird eine entgegen gesetzte Kurve erzeugt.

Der Längenunterschied wird durch ein Verscheren des Tapes in Faserrichtung erzeugt. In der Mechanik resultiert eine Scherung aus der Wirkung eines versetzt angeordneten Kräftepaars. Diese Scherkraft führt zur Scherverzerrung zwischen den Tape-Kanten. Dazu muss das Tape auf einer geometrischen Bahn geführt werden, welche diese Einbringung erzwingt. Eine Möglichkeit ist die beschriebene Verdrillung des Tapes, eine Weitere eine Tape-Führung gemäß Bild 4.4.

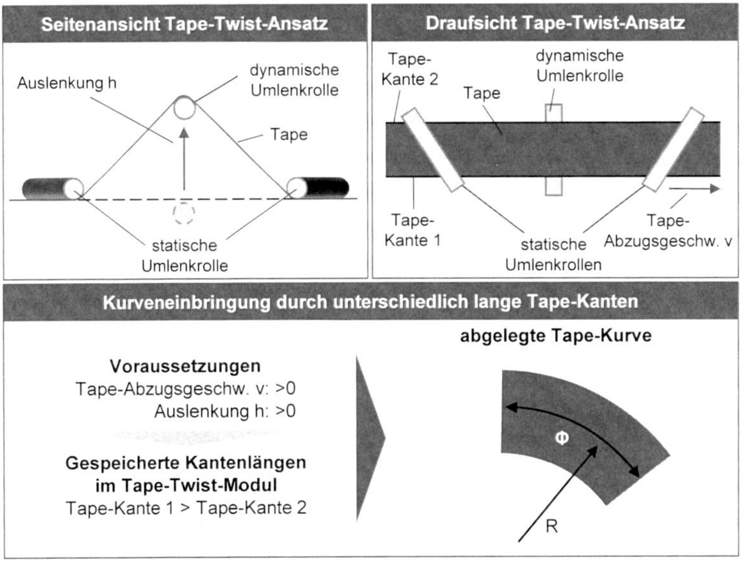

Bild 4.4: Tape-Twist-Verfahren

Tape-Twist approach

Das Verfahren basiert auf zwei statischen Umlenkrollen und einer dynamischen Umlenkrolle, welche vertikal bewegbar ist. Die statischen Rollen werden in einem Anstellwinkel relativ zum Tape verdreht montiert. Im Ausgangszustand wird das Tape gerade über die Umlenkrollen geführt und durch diese nicht verformt. Bei Auslenkung der mittleren Rolle entsteht ein Längenunterschied über die Tape-Breite. Es ist dabei zu beachten, dass bei einem Tape die Polymermatrix die Fasern fixiert, die Kräfte in die Fasern einleitet und von Faser zu Faser überträgt und vor allem Schubbeanspruchungen aufnimmt. Für ein erfolgreiches Verscheren des Tapes ist demnach eine Scherkraft notwendig, welche zu einer Verformung des Tapes führt.

Wie in Bild 4.5 zu sehen, wird vor der Ablage der Kurve ein Längenunterschied durch das Verfahren der dynamischen Stützstelle in Schritt zwei erzielt. Dieser Längenunterschied wird solange gespeichert (Schritt drei), bis eine entgegengesetzte Kurve erzeugt wurde (Schritt vier) und die dynamische Stützstelle in die Ausgangslage zurück gekehrt ist (Schritt fünf). Dabei gilt es zu beachten, dass in den Schritten zwei bis vier das Tape dauerhaft verschert wird.

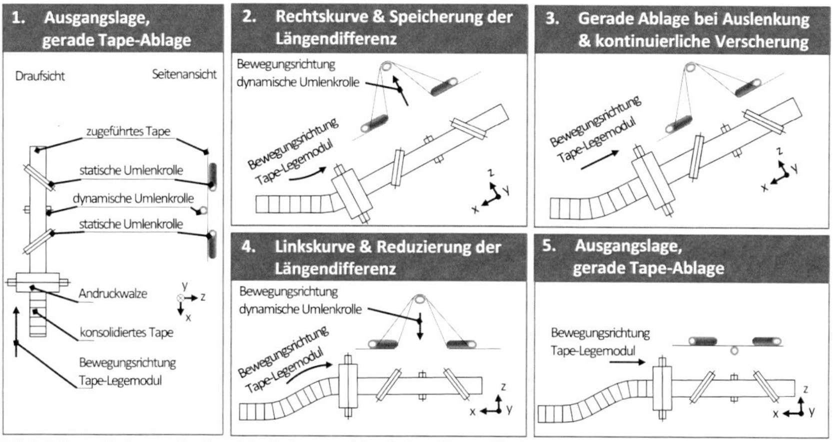

Bild 4.5: Schematischer Verfahrensablauf des Tape-Twist-Moduls zur Kurvenerzeugung

Schematic process of Tape-Twist module to realize curved tapes

4.2.2 Modellbildung für den Tape-Twist-Ansatz

Modeling of Tape-Twist approach

Zum Einbringen von lateralen Kurven in das Tape wird dieses bei einer spezifischen Prozesstemperatur über drei Umlenkrollen geführt. In Untersuchungen durch KERMER-MEYER haben sich Prozesstemperaturen im entropieelastischen Bereich unter Schmelztemperatur als optimal erwiesen [KERM15]. Mit der Verfahrbewegung der mittleren dynamischen Umlenkrolle wird eine Kurve in den Tape-Bereich zwischen den beiden statischen Umlenkrollen eingebracht.

Die Anordnung und Bewegung der Umlenkrollen führt zu Längenveränderungen über die Tape-Breite. Zur Auslegung und Bewertung des Prozesses gilt es daher insbesondere die geometrischen Wirkzusammenhänge zu analysieren. Zusätzlich haben die thermischen und mechanischen Aspekte einen Einfluss auf die Kurvencharakteristik und werden ebenfalls betrachtet.

4.2.3 Geometrische Zusammenhänge

Geometric correlations

Bei der Beschreibung des neuartigen Verfahrens wird zunächst die Entstehung des Längenunterschieds zwischen den Tape-Kanten betrachtet. Darauf aufbauend werden die Einflüsse verschiedener Prozessparameter auf den maximal erreichbaren Kurvenwinkel analysiert.

Mathematische Beschreibung des Tape-Twist-Ansatzes

Die erzeugten Kurven können über drei Parameter beschrieben werden. Diese sind der Kurvenradius R, der abgelegte Winkel Φ und die Tape-Breite B_T. Hieraus ergeben sich die Längen der Tape-Kanten $L_{außen}$ und L_{innen}, siehe Bild 4.6. Der realisierbare Winkel Φ wird folgend ermittelt:

$$\Phi = \frac{\Delta L}{B_T} \tag{4.1}$$

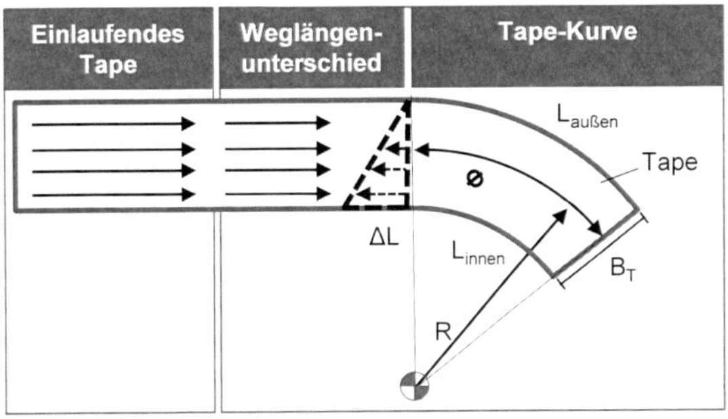

Bild 4.6: Definition einer Kurve

Definition of a curve

Der Zusammenhang zwischen dem abgelegten Kreissegment mit dem Winkel Φ und dem Weglängenunterschied zwischen den beiden Tape-Kanten ΔL lautet:

$$\Delta L = L_{außen} - L_{innen} = \Phi * B_T \tag{4.2}$$

Anhand der Gleichungen 4.1 und 4.2 lassen sich Aussagen über den geometrisch maximal ablegbaren Tape-Kurvenwinkel in Abhängigkeit der Parameter Tape-Breite und Weglängenunterschied treffen. Ein größerer Längenunterschied ermöglicht größere Kurvenwinkel. Die Tape-Breite korreliert negativ mit dem Kurvenwinkel. Der Kurvenradius R hingegen ist weder von der Tape-Breite noch von dem Weglängenunterschied abhängig.

Die Erzeugung noch größerer Winkel wäre nur mit einer Manipulation des Weglängenunterschieds möglich, indem die Fasern auf der Tape-Innenseite durch Knicken künstlich verkürzt oder die Tape-Breite reduziert werden würden. Das Knicken von Fasern ist ein Defekt und dementsprechend zu vermeiden. Die Reduktion der Tape-Breite führt zu einer entsprechenden Erhöhung der Tape-Dicke und wird im allgemeinen auch vermieden und im Rahmen dieser Arbeit nicht weiter betrachtet. Der schematische Aufbau des Verfahrens und die relevanten Parameter sind in Bild 4.7 aufgezeigt.

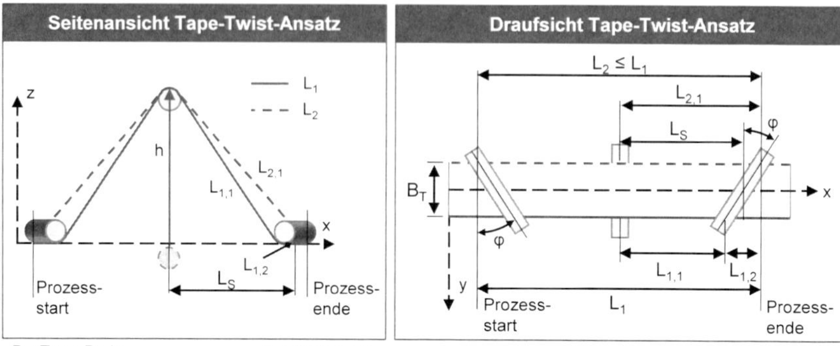

B_T: Tape-Breite h: Auslenkung φ: Anstellungswinkel
L_S: Speicherlänge L_1: Länge Tape-Kante 1 L_2: Länge Tape-Kante 2

Bild 4.7: Parameter des Tape-Twist-Verfahrens

Parameter of Tape-Twist approach

Die Höhe h bezeichnet die Auslenkung der dynamischen Umlenkrolle aus der Nulllage. Der Winkel φ ist das Maß der Anstellung der statischen Umlenkrollen. Er wird über die Normalen zur Tape-Richtung und den Achsen der statischen Umlenkrollen definiert. Die Speicherlänge L_S ist der Abstand zwischen der Mitte der dynamischen Umlenkrolle und dem Kontaktpunkt der Tape-Mitte mit den statischen Umlenkrollen. Der Längenunterschied ΔL ist die Differenz der Tape-Kantenlängen. Prozessstart und -ende sind außerhalb der statischen Umlenkrollen. Zur Reduktion auf essentielle Eigenschaften werden folgende Annahmen getroffen:

- Der Durchmesser der Rollen ist vernachlässigbar.
- Beide statischen Umlenkrollen sind mit demselben Winkel φ ausgelenkt.
- Die Speicherlänge L_S ist auf beiden Seiten der dynamischen Umlenkrolle gleich.

L_1 setzt sich, wie in Bild 4.7 zu sehen, aus zwei Bereichen zusammen: einem Bereich außerhalb der statischen Umlenkrollen und einem innerhalb. Der innere Bereich lässt sich dabei mit dem Satz des Pythagoras beschreiben. Mit gleicher Speicherlänge auf beiden Seiten der Umlenkrolle wird für die Berechnung der Tape-Kanten ein Faktor von zwei angewendet.

$$L_1 = 2 * \left(L_{1,1} + L_{1,2}\right) = 2 * \left(\sqrt{h^2 + \left(L_S - \frac{B_T}{2} * tan(\varphi)\right)^2} + B_T * tan(\varphi)\right) \qquad (4.3)$$

Die Länge L_2 besteht nur aus einem Bereich, welcher sich ebenfalls mit dem Satz des Pythagoras berechnen lässt. An dieser Tape-Kante legen die Filamente im Tape den kürzesten Weg zurück, siehe Bild 4.8.

$$L_2 = 2 * L_{2,1} = 2 * \sqrt{h^2 + \left(L_S + \frac{B_T}{2} * tan(\varphi)\right)^2} \qquad (4.4)$$

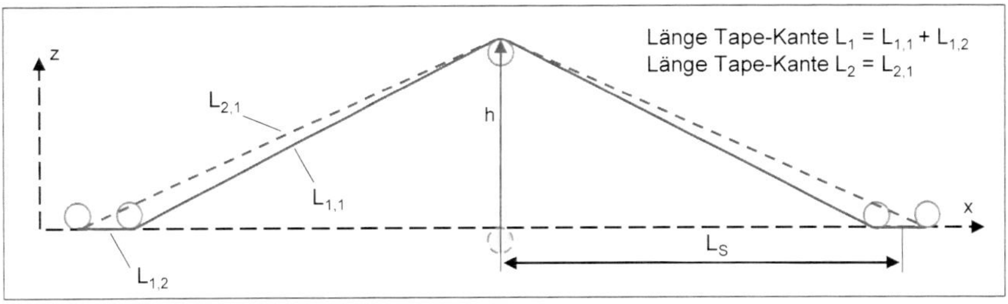

Bild 4.8: Tape-Kanten-Längen im Tape-Twist-Modul

Length of tape edges in the Tape-Twist module

Der Winkel, den die Bahnkurve beschreibt (vgl. Bild 4.6) berechnet sich wie in Formel *4.5* aus der Längendifferenz von L_1 und L_2 sowie der Tape-Breite B_T. Der Längenunterschied ist der fundamentale Wert für den Kurvenwinkel.

$$\Phi = 2 * \frac{B_T * tan(\varphi) + \sqrt{h^2 + \left(L_S - \frac{B_T}{2} * tan(\varphi)\right)^2} - \sqrt{h^2 + \left(L_S + \frac{B_T}{2} * tan(\varphi)\right)^2}}{B_T} \tag{4.5}$$

Um die Möglichkeit der Ablage von Kurvenbahnen mit konstantem Radius zu untersuchen, wird zunächst eine Differentialgleichung (DGL) für den Radius hergeleitet. Der Zusammenhang zwischen Ablagegeschwindigkeit v, der Änderungsrate des Längenunterschiedes $\dot{\Delta L}$ und dem Radius R kann wie folgt hergeleitet werden:

$$\dot{\Delta L} = B_T * \dot{\Phi} \qquad und\, \dot{\Phi} = \frac{v}{R} \tag{4.6}$$

führt zu

$$\dot{\Delta L} = B_T * \frac{v}{R} \tag{4.7}$$

Die Änderungsrate des Längenunterschiedes $\dot{\Delta L}$ kann aus Formel *4.5* hergeleitet werden. Der Anstellungswinkel φ ist zeitlich konstant. Folglich ergibt sich die Ableitung:

$$\dot{\Delta L} = 2 * h * \dot{h} * \left(\frac{1}{\sqrt{h^2 + \left(L_S - \frac{B_T}{2} * tan(\varphi)\right)^2}} - \frac{1}{\sqrt{h^2 + \left(L_S + \frac{B_T}{2} * tan(\varphi)\right)^2}} \right) \tag{4.8}$$

Die Kombination aus den Formeln 4.7 und 4.8 ergibt die Differentialgleichung für den Radius:

$$R = \frac{v * B_T}{2 * h * \dot{h} * \left(\frac{1}{\sqrt{h^2 + \left(L_S - \frac{B_T}{2} * tan(\varphi)\right)^2}} - \frac{1}{\sqrt{h^2 + \left(L_S + \frac{B_T}{2} * tan(\varphi)\right)^2}} \right)} \tag{4.9}$$

Die Formel 4.9 beschreibt den Radius R der Bahnkurve, die sich bei der Tape-Ablage in Abhängigkeit der verschiedenen Prozessparameter ergibt.

Einfluss der Prozessparameter auf maximalen Kurvenwinkel

Im Folgenden wird der Einfluss der verschiedenen Prozessparameter auf die Krümmung der applizierten Tape-Bahn untersucht. Dabei wird zunächst auf den sich maximal einstellenden Winkel der Kurve eingegangen. Hierzu werden verschiedene Kurvenscharen aus Formel *4.5* generiert und graphisch dargestellt.

Im Prozess wird nur die Auslenkung h der dynamischen Umlenkrolle verändert. In der Formel 4.10 können deshalb einige Ausdrücke durch die Konstanten C_1, C_2, C_3 ersetzt werden:

$$\Phi = C_1 + \frac{2}{B_T} * \left(\sqrt{h^2 + C_2^2} - \sqrt{h^2 + C_3^2}\right) \tag{4.10}$$

Zur Bestimmung des Grenzwerts bei hohen Auslenkungen wird die Regel von de l'Hospital angewendet. Die Formel 4.10 wird hierzu nochmals abstrahiert, um den Grenzwert für h gegen unendlich zu bestimmen, siehe Formel 4.11.

$$\Phi = C_1 + \frac{2}{B_T} * \left(f(x) - g(x)\right) \tag{4.11}$$

Sowohl f(x) als auch g(x) laufen gegen unendlich wobei f(x) kleiner als g(x) ist. Beim hinteren Teil des Terms ist demnach der Zähler bei hoher Auslenkung null. Für sehr große Werte von h gilt daher:

$$\lim_{h \to \infty} \left(C_1 + \frac{2}{B_T} * \frac{\frac{1}{g(x)} - \frac{1}{f(x)}}{\frac{1}{f(x) * g(x)}} \right) = C_1 \tag{4.12}$$

Der größte zu erreichende Kurvenwinkel ist, mathematisch gesehen, nur vom Anstellwinkel der äußeren Umlenkrollen φ abhängig. Für die Umsetzung in der Realität ist dieser Grenzwert jedoch nicht zu erreichen, da die Auslenkung h durch verschiedene Faktoren, wie zum Beispiel dem zur Verfügung stehenden Bauraum, begrenzt ist.

Bild 4.9 zeigt eine Lösungsmenge von Formel 4.10. Der sich einstellende Winkel wird auf der Y-Achse dargestellt. Die X-Achse zeigt die Auslenkung h mit Werten von 0 bis 10.000 mm. Es wird deutlich, dass die Auslenkung nur bis zu einer bestimmten Höhe eine starke Auswirkung auf den erreichten Winkel hat. Das Maximum des erreichten Winkels beträgt dabei 65,5° bei einer Auslenkung von h = 10.000 mm. Um 80 % des maximalen Winkels, also 52,4° zu erreichen, wird jedoch nur eine Auslenkung von circa 490 mm benötigt. Für 70 % des maximalen Winkels (45,9°) wird eine Auslenkung von 310 mm benötigt. Für die technische Umsetzung ist es deshalb sinnvoll den theoretisch möglichen Kurvenwinkel nicht vollständig zu nutzen, wodurch überproportional viel Bauraum eingespart werden kann. Folglich werden nur Auslenkungen bis h = 1.000 mm untersucht.

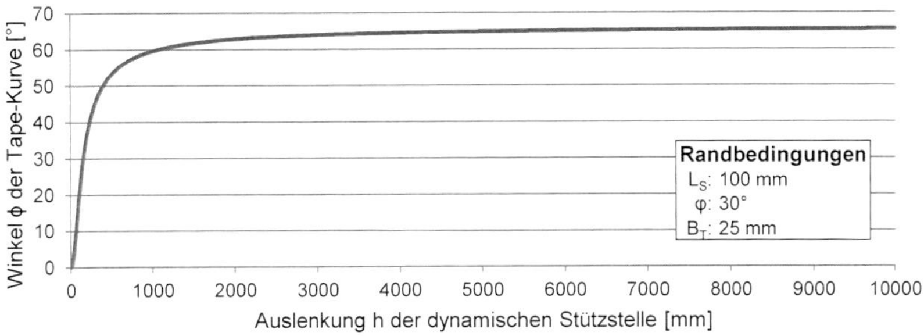

Bild 4.9: Winkel der Tape-Kurve in Abhängigkeit der Auslenkung der dynamischen Umlenkrolle h

Angle of curvature as a function of lift from dynamic guiding unit

Wie in Formel 4.5 zu sehen, sind prozessseitig einstellbare Einflussparameter die Auslenkung h, der Anstellwinkel φ und die Speicherlänge L_S. Der Anstellungswinkel kann von 0° bis auf etwa 80° variiert werden. Bei hohen Werten ist jedoch eine Kollision der Umlenkrollen oder eine Tape-Umlenkrollen-Kollision möglich. Somit wird der maximale Anstellungswinkel auf 45° festgelegt. In Bild 4.10 wird der Tape-Kurvenwinkel für verschiedene Anstellwinkel geplottet. Der deutliche Einfluss des Anstellwinkels auf den Winkel der Tape-Kurve ist gut zu erkennen. Mit größerem Anstellwinkel werden größere Tape-Kurven erzielt. Ebenso werden der jeweils maximal zu erreichende Winkel sowie der technisch sinnvolle Winkel (80 % des Maximums) berechnet. Die benötigte Auslenkung zum Erreichen des technisch sinnvollen Winkels ist vom Anstellwinkel der statischen Umlenkrollen unabhängig.

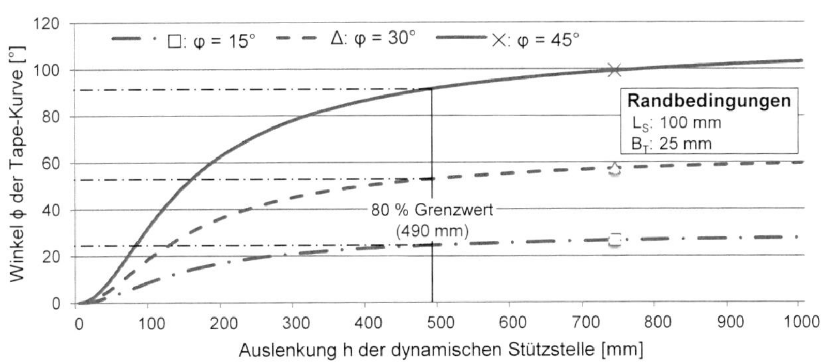

Bild 4.10: Winkel der Tape-Kurve für verschieden Anstellwinkel

Angle of curvature for various angles of static guiding units

Für Auslenkungen kleiner 1.000 mm hat die Speicherlänge L_S ebenfalls Einfluss auf den erzielbaren Kurvenwinkel des Tapes. In der technischen Umsetzung kann die Speicherlänge aber nicht beliebige Werte annehmen. Nach unten ist sie beschränkt, da eine Kollision der angestellten statischen Umlenkrollen mit der dynamischen mittleren Umlenkrolle zu vermeiden ist. Diese Bedingung ist abhängig vom Anstellwinkel φ sowie von der Länge der Umlenkrollen. Nach oben ist die Speicherlänge durch den vorhandenen Bauraum begrenzt. Für die Untersuchung des Effekts der Speicherlänge wird ein Bereich von 50 bis 200 mm gewählt. Der Einfluss auf die abgelegte Tape-Kurve ist in Bild 4.11 skizziert.

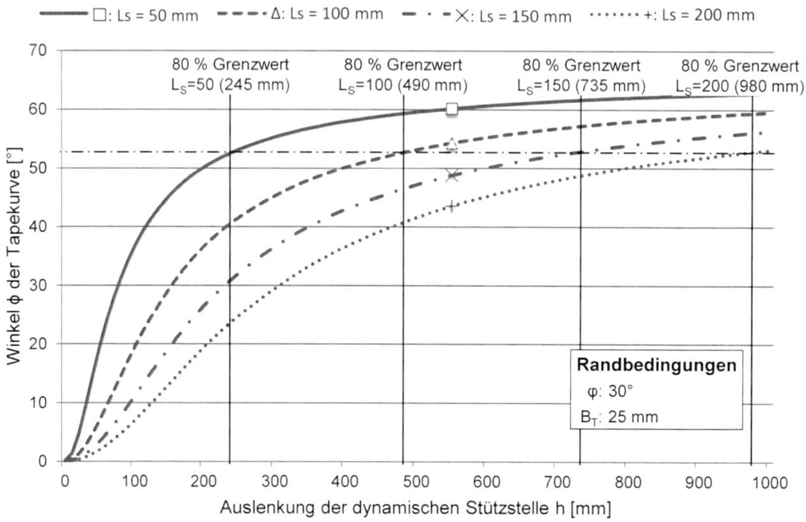

Bild 4.11: Winkel der Tape-Kurve für verschiedene Speicherlängen

Angle of curvature for various distance of static guiding units

Die Speicherlänge L_S beeinflusst, anders als der Anstellwinkel φ, die benötigte Auslenkung h zum Erreichen von 80 % des theoretischen Winkelmaximums. Mit zunehmender Speicherlänge wird ein größerer Hub benötigt, um diesen 80 %-Wert zu erreichen. Für sehr große Werte der Auslenkung h nimmt der Effekt der Speicherlänge ab. Im betrachteten Bereich bis zu einer Auslenkung von 500 mm ist der Einfluss allerdings deutlich erkennbar. Idealerweise sollte die Speicherlänge möglichst gering gewählt werden, um hohe Tape-Winkel bei gleichzeitig geringem Bauraum zu erreichen.

Einfluss der Prozessparameter auf konstanten Kurvenradius

Neben dem reinen Ablegen von möglichst stark gekrümmten Kreissegmenten ist auch eine genaue Kontrolle des Radius der abgelegten Kurve wichtig. Besonders interessant ist dabei die Möglichkeit der Herstellung von Kurven mit konstantem Radius. Für die mathematische Beschreibung des Radius der gekrümmten Tape-Bahn wurde Gleichung 4.9 hergeleitet.

Der sich einstellende Radius ist sowohl von Parametern abhängig, die im Prozess veränderbar sind als auch von statischen Parametern. Statisch sind dabei die Speicherlänge L_S, der Anstellwinkel der statischen Umlenkrollen φ und die Tape-Breite B_T. Im

Prozess veränderlich sind die Abzugsgeschwindigkeit des Tapes v, die Auslenkung der dynamischen Umlenkrolle h, sowie deren zeitliche Ableitung $\dot{h}$, also die Geschwindigkeit, mit welcher sich die dynamische Umlenkrolle bewegt.

Bei einer konstanten Verfahrgeschwindigkeit der dynamischen Umlenkrolle entsteht eine Tape-Kurve mit sich kontinuierlich änderndem Radius. Darüber hinaus werden bei höheren Verfahrgeschwindigkeiten kleinere Radien erzielt. Die Längendifferenz wird hier über eine kürzere Länge eingebracht. Ebenso zeigt sich, dass bei Prozessbeginn mit sehr kleinen Auslenkungen die resultierenden Radien sehr groß sind (siehe Bild 4.12).

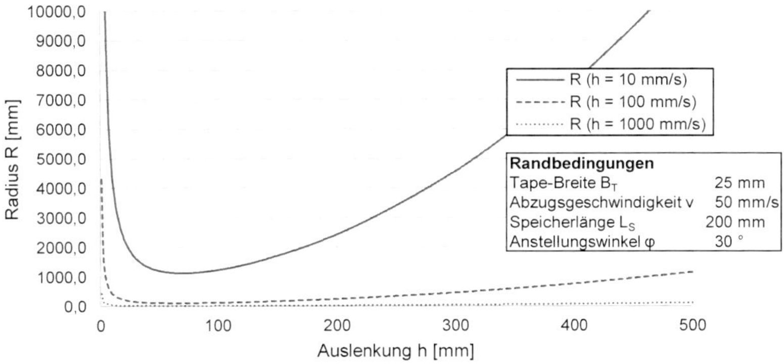

Bild 4.12: Kurvenradien bei ausgewählten, konstanten Verfahrgeschwindigkeiten

Curvature radi for selected, constant speeds of dynamic guiding unit

Soll eine Kurve mit konstantem Radius abgelegt werden, so muss die Verfahrgeschwindigkeit $\dot{h}$ permanent angepasst werden. Dafür kann die Gleichung *4.9* nach der Verfahrgeschwindigkeit wie folgt aufgelöst werden:

$$\dot{h} = \frac{v * B_T}{2 * h * R * \left(\frac{1}{\sqrt{h^2 + \left(L_S - \frac{B_T}{2} * tan(\varphi)\right)^2}} - \frac{1}{\sqrt{h^2 + \left(L_S + \frac{B_T}{2} * tan(\varphi)\right)^2}} \right)} \tag{4.13}$$

Anhand der Gleichung *4.13* kann nun für jede Auslenkung h der dynamischen Umlenkrolle bei konstantem Radius R eine Verfahrgeschwindigkeit $\dot{h}$ berechnet werden. Dementsprechend wird die Kurve in Teilstücke diskretisiert, welche jeweils einen annähernd konstanten Radius haben (siehe Bild 4.13).

Mit einer ausreichend hohen Zahl von Teilstücken kann mit guter Genauigkeit eine Kurve von konstantem Radius hergestellt werden. Für größere Radien sind die Anforderungen an die Verfahrgeschwindigkeit geringer, sowohl in Bezug auf die absolut benötigte Verfahrgeschwindigkeit, als auch auf die zu realisierende Beschleunigung.

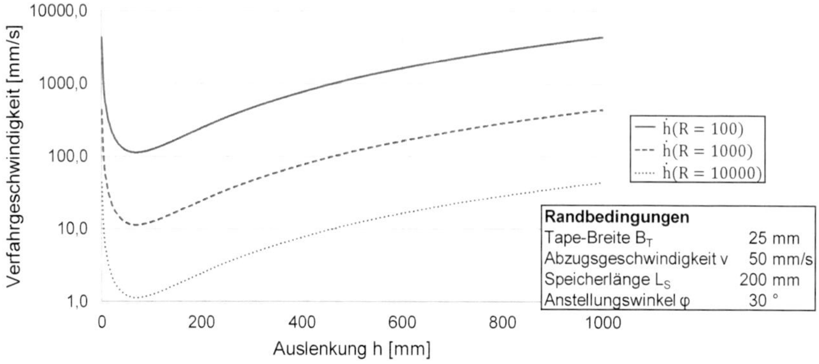

Bild 4.13: Verfahrgeschwindigkeit der dyn. Umlenkrolle für konstante Kurven-Radien

Speed of dynamic guiding unit for constant curvature radii

Einfluss der Abzugsgeschwindigkeit

Der Radius der Tape-Bahn kann mit der Abzugsgeschwindigkeit direkt geregelt werden. Für die Erzeugung konstanter Radien hat eine kleinere Abzugsgeschwindigkeit auch eine niedrigere benötigte Verfahrgeschwindigkeit der dynamischen Umlenkrolle zur Folge. Die Abzugsgeschwindigkeit wird durch äußere Gegebenheiten eingegrenzt.

Die Abzugsgeschwindigkeit v ist bei der Berechnung eines konstanten Radius eine Variable im Zähler (siehe Gleichung 4.9). Demnach kann der Radius der Tape-Kurve direkt mit der Abzugsgeschwindigkeit geregelt werden. Für die Erzeugung konstanter Radien hat eine kleinere Abzugsgeschwindigkeit auch eine niedrigere benötigte Verfahrgeschwindigkeit der dynamischen Stützstelle zur Folge. Je größer dabei die Abzugsgeschwindigkeit gewählt wird, desto größer wird auch der entstehende Radius. Die nachfolgende Tape-Ablage beinhaltet einen Verschweißprozess mit einer minimalen Prozesszeit. Entsprechend kann die Abzugsgeschwindigkeit nicht beliebig erhöht werden, sondern muss an den Tape-Legeprozess angepasst sein.

Weiterhin ist zu beachten, dass der minimale Kurvenradius bei bestimmten Kombinationen der Parameter v, h und $\dot{h}$ begrenzt ist. Befindet sich die dynamische Umlenkrolle in der Abwärtsbewegung ($\dot{h} < 0$), wird gespeichertes Tape freigegeben, siehe Bild 4.14. Dabei ist darauf zu achten, dass mehr Tape abgezogen wird als durch die Abwärtsbewegung freigegeben wird. Ansonsten wird das Tape nicht mehr straff geführt und es entstehen Defekte im Tape.

Zur Bestimmung des Verhältnisses von Abzugsgeschwindigkeit zu Verfahrgeschwindigkeit wird in einem ersten Schritt die mittlere Länge L_m des gespeicherten Tapes zwischen den statischen Stützstellen berechnet.

$$L_m = 2 * \sqrt{{L_s}^2 + h^2} \tag{4.14}$$

Mit der Ableitung nach der Zeit wird die Geschwindigkeit $\dot{L_m}$ ermittelt, mit welcher sich die Abzugsgeschwindigkeit durch das Verfahren der dynamischen Umlenkrolle ändert.

$$\dot{L_m} = \frac{2*h*\dot{h}}{\sqrt{{L_S}^2+h^2}} \tag{4.15}$$

Wird die Speicherlänge L_S konstant gehalten, sind in Gleichung 4.15 die Auslenkung h und die Verfahrgeschwindigkeit $\dot{h}$ im Prozess veränderlich. Um sicherzustellen, dass das Tape straff geführt wird, muss die Abzugsgeschwindigkeit v größer als die Änderungsgeschwindigkeit $\dot{L_m}$ sein, wenn $\dot{h} < 0$. Dementsprechend gilt folgende Gleichung.

$$v_{min} \geq -\dot{L_m} = -\frac{2*h*\dot{h}}{\sqrt{{L_S}^2+h^2}} \tag{4.16}$$

Die minimale Abzugsgeschwindigkeit v_{min} kann in Abhängigkeit der Verfahrgeschwindigkeit $\dot{h}$ bestimmt werden. Hierzu wird der Quotient aus v_{min} und $\dot{h}$ gebildet.

$$\frac{v_{min}}{\dot{h}} \geq -\frac{2*h}{\sqrt{{L_S}^2+h^2}} \tag{4.17}$$

Bei großen Auslenkungen nährt sich das Verhältnis dem Faktor -2 an. Der Grenzwert wird mit kürzerer Speicherlänge bereits bei kleineren Auslenkungen erreicht, wie in Bild 4.14 zu sehen ist. Das Tape ist stets unter Spannung, wenn die Abzugsgeschwindigkeit v mindestens doppelt so hoch wie die Verfahrgeschwindigkeit der dynamischen Umlenkrolle in die Ausgangsposition ($v_{min} \geq -\dot{h}$) gewählt wird.

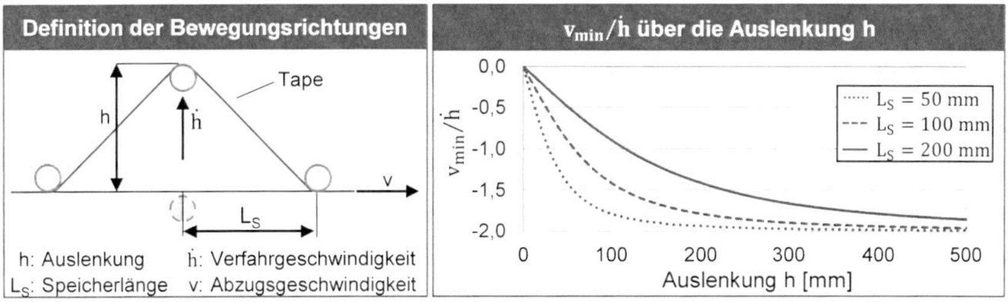

Bild 4.14: Minimale Abzugsgeschwindigkeit im Verhältnis zur Verfahrgeschwindigkeit

Minimal tape placement speed in ratio to speed of dynamic roller

Einfluss der Tape-Breite

Mit der Wahl der Tape-Breite B_T zwischen 6 und 30 mm ist der Einfluss auf den Radius der abgelegten Tape-Bahn sehr gering. Dies wird anhand von Gleichung *4.5* deutlich. Im betrachteten Bereich für $\varphi < 45°$ gilt $\tan(\varphi) < 1$. Der größte Einfluss der Tape-Breite ist also bei einem Anstellwinkel von 45° zu erwarten. Für die Tape-Breiten von 6, 12 und 30 mm ist eine Unterscheidung im Radius der erzeugten Kurve zwischen den Tape-Breiten in Bild 4.15 nicht direkt ersichtlich.

Der Einfluss von der Tape-Breite ist im Vergleich von 6 zu 30 mm kleiner als 1 % und sinkt mit steigender Auslenkung, siehe Tabelle in Bild 4.15. Da jedoch zu erwarten ist, dass die Prozessschwankungen noch höher sind, wird der Einfluss der Tape-Breite nicht weiter betrachtet.

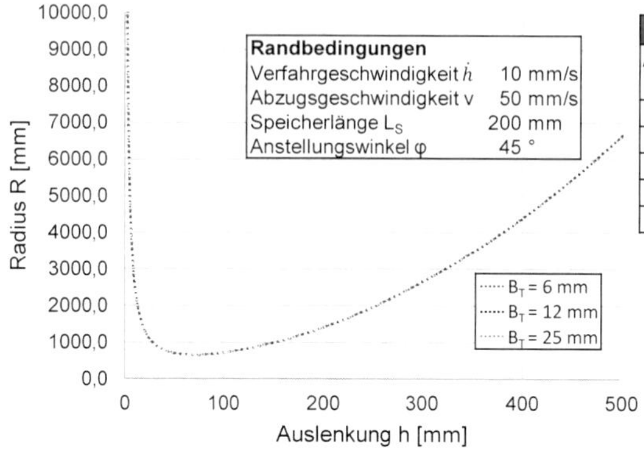

Radius R [mm]			
Auslenkung	Tape-Breite B_T [mm]		
h [mm]	6	12	30
100	707,2	707,4	709,1
200	1397,8	1398,5	1403,8
300	2635,5	2636,4	2642,6
400	4381,1	4382,1	4388,6
500	6629,0	6630,0	6636,8

Bild 4.15: Einfluss der Tape-Breite auf den Radius

Impact of tape width on curvature

Einfluss der geodätischen Linie

Die hier aufgezeigten Tape-Kurvenwinkel setzen voraus, dass das Tape die Breite während des Prozesses beibehält. Zu Beginn und Ende des Tape-Twist-Prozesses wird dies sichergestellt. Bei Prozessbeginn ist die Tape-Geometrie durch die Matrix fixiert. Nach dem Tape-Twist-Prozess wird das Tape durch die Andrückrolle auf das Laminat gedrückt und entsprechend fixiert. Während des Prozesses hingegen bewegen sich die einzelnen Filamente unter Zugspannung zu der jeweils geodätischen Linie, welche den kürzesten Weg darstellt. Hierbei ist zu beachten, dass die Tape-Kante mit der kürzeren Gesamtstrecke bereits auf der geodätischen Linie liegt. Die gegenüberliegende Tape-Kante wandert hingegen in Richtung Tape. Hierdurch verringert sich auch der Längenunterschied zwischen den Tape-Kanten. In Bild 4.16 ist schematisch die geodätische Linie aufgezeigt. In dieser Arbeit wird davon ausgegangen, dass die ursprüngliche Tape-Breite beim Verlassen des Moduls wieder erreicht wird.

Die verkürzte Länge berechnet sich über folgenden Formeln:

$$L'_1 = 2 * \left(b' + \sqrt{h^2 + \left(L_S - \left(\frac{B_T}{2} + b' \sin(\alpha) \right) \tan(\varphi) \right)^2} \right) \tag{4.18}$$

$$mit\, b' = B_T \frac{\sin(\varphi)}{\sin(90-\varphi+\alpha)} \tag{4.19}$$

Mit einem steigenden Winkel α reduziert sich L_1‘ immer weiter bis zu einem Minimum. Das Minimum ist abhängig von dem Anstellungswinkel φ und der Auslenkung h, siehe auch Bild 4.16.

Zur Vereinfachung wird angenommen, dass eine laterale Bewegung des Tapes ab erstmaligen Kontakt einer Tape-Kante mit der statischen Umlenkrolle beginnt. Ist das Tape bereits vorher nicht geführt, so wandert das gesamte Tape lateral in Richtung L_2.

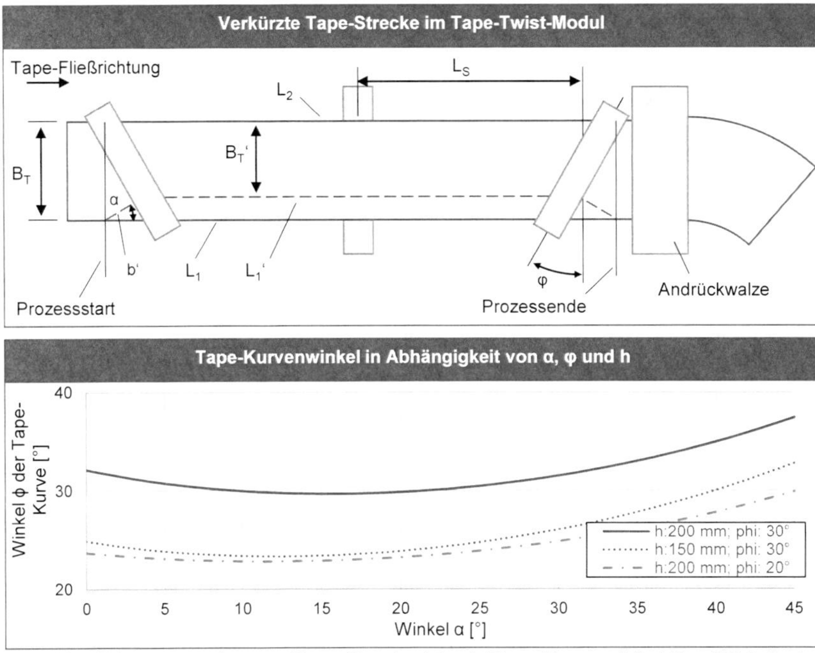

Bild 4.16: Skizze zur verkürzten Tape-Strecke (oben), Tape-Kurvenwinkel über Winkel α bei verschiedenen Prozessparametern

Curvature radi for selected, constant speeds of dynamic guiding unit

Fazit der geometrischen Zusammenhänge

Für das Tape-Twist-Verfahren wurde ein mathematisches Modell entwickelt, die Einflussparameter quantifiziert und bewertet. Die wichtigsten Untersuchungsergebnisse werden nun noch einmal zusammenfassend dargestellt. Tabelle 4.1 zeigt zusammenfassend eine Übersicht zu den geometrischen Randbedingungen.

Tabelle 4.1: Geometrische Randbedingungen für das Tape-Twist-Modul

Geometrical boundary conditions for Tape-Twist module

Parameter	Abk.	Min	Max
Auslenkung	h	0 mm	490 mm
Anstellwinkel	φ	0°	45°
Speicherlänge	L_S	50	200
Verfahrgeschwindigkeit	$\dot{h}$	1 mm/s	10.000 mm/s
Abzugsgeschwindigkeit	v	2*$\dot{h}$ mm/s	-/-
Tape-Breite	B_T	6 mm	30 mm

Die Auslenkung h der mittleren Umlenkrolle ist die prozessbestimmende Größe. Sie wird während der Tape-Ablage von Kurven laufend verändert. Der Zusammenhang zwischen der Auslenkung und dem Winkel der Tape-Kurve ist nicht linear, sondern von degressiver Form. Zur Berücksichtigung technischer Randbedingungen, beispielsweise ein begrenzter Bauraum, werden daher nur Auslenkungen bis 80 % des maximal erreichbaren Winkels berücksichtigt.

Die Geschwindigkeit $\dot{h}$, mit der die mittlere Umlenkrolle verfährt, ist für den sich ergebenden Radius der Tape-Kurve ausschlaggebend. Wird die mittlere Rolle mit konstanter Geschwindigkeit verfahren, so ergibt sich eine Kurve mit größer werdendem Radius. Für einen konstanten Radius muss die Verfahrgeschwindigkeit während des Prozesses kontinuierlich adaptiert werden.

Der Anstellwinkel φ der statischen Umlenkrollen ist die Haupteinflussgröße für den maximal herstellbaren Kurvenwinkel. Größere Winkel bewirken eine stärkere Scherung des Tapes und begünstigen größere Kurvenwinkel und zusätzlich die Herstellung von Kurven mit kleineren Radien.

Die Abzugsgeschwindigkeit v, mit der das Tape durch die Umformeinheit geführt wird, hat einen direkten Einfluss auf den Radius der abgelegten Tape-Kurve. Weiterhin muss gesichert sein, dass das Tape bei einer zu geringen Abzugsgeschwindigkeit nicht den Kontakt zu den Führungsrollen verliert.

Die Speicherlänge L_S hat Einfluss darauf, wie stark das Tape auf die Auslenkung reagiert. Eine kleinere Speicherlänge begünstigt eine schnellere Prozessführung, während eine größere Speicherlänge die Regelung bei der Ablage von gekrümmten Tape-Bahnen mit konstantem Radius vereinfacht. Die Tape-Breite B_T hat im betrachteten Bereich keinen relevanten Einfluss und kann demnach beliebig gewählt werden.

In dem geometrische Modell wird darüber hinaus der kürzeste Weg der Fasern über die Tape-Breite betrachtet. Sobald die Matrix relative Bewegungen der Fasern zulässt, reduziert sich der Längenunterschied zwischen den Tape-Kanten. Die längere Tape-Kante in dem Modul wandert in Richtung des Tapes, da hier die Gesamtstrecke kürzer ist. Der Effekt lässt sich auf ein Minimum reduzieren, indem die Matrix im Tape erst mit dem Tape-Twist-Prozessstart aufgeschmolzen ist.

4.2.4 Rheologische Zusammenhänge

Rheological correlations

Für ein Verscheren des Tapes ist eine Scherkraft notwendig, welche zu einer Verformung des Tapes führt. Die thermoplastische Matrix hält aber die Fasern in Form und verhindert damit ein Verschieben der Fasern. Darüber hinaus sind Tapes als Hochleistungswerkstoffe für hohe mechanische Belastungen vorgesehen, wodurch die notwendigen Scherkräfte ebenfalls sehr hoch sind. Demnach sind für das Verscheren der Fasern die Wirkmechanismen der Matrix und insbesondere die rheologischen Eigenschaften zu berücksichtigen. Folglich ist ein Zustand anzustreben, bei welchem mit möglichst geringen Schubkräften die Matrix ein Scheren der Fasern zulässt. Bei erhöhter Temperatur reduzieren sich die Festigkeit und die Viskosität und die Bewegung der Fasern innerhalb der aufgeschmolzenen Matrix führt zu einer Scherung des Thermoplasts. Dadurch entsteht eine Schubspannung innerhalb der Schmelze, welche im Hinblick auf das Verformungs- und Elastizitätsverhalten zu untersuchen ist.

Das Verhalten der aufgeschmolzenen Matrix wurde unter anderem bereits durch KERMER-MEYER und BRANDIS untersucht und lässt Rückschlüsse auf die physikalische Reaktion des Tapes unter Schubspannungseinwirkung zu [KERM15; BRAN91]. Die Erkenntnisse können in den Tape-Twist Ansatz transferiert und integriert werden.

Grundsätzlich lässt sich das Verhalten thermoplastischer Werkstoffe unter Krafteinwirkung in ein linearelastisches, viskoses und relaxierendes Verhalten unterteilen und kann durch ein 4-Elemente-Modell angenähert werden. Das linearelastische Verhalten beschreibt einen linearen Zusammenhang zwischen einwirkender Kraft und resultierender Dehnung [EHRE06]. Die viskose Dehnung ist eine plastische Verformung in Abhängigkeit der Belastungsdauer. Bei einem visko-elastischem Körper ist ein viskoses und elastisches Verhalten zeitgleich zu beobachten. Der Effekt tritt im Schmelzbereich von Thermoplasten auf. Der Maxwell-Körper beschreit das Verhalten durch die Kombination eines Hooke- (Feder) mit einem Newton-Element (Dämpfer). Die Verformung ist durch das Newton-Element sowohl unbegrenzt als auch irreversibel. Die Feder wirkt direkt bei Be- und Entlastung und beschreibt den elastischen Anteil des Körpers. In diesem Ansatz werden die Fasern zur Vereinfachung als nicht dehnbar betrachtet.

$$\varepsilon = \varepsilon_H + \varepsilon_N \tag{4.20}$$

Im Kontext des Tape-Verscherens ist ε die Längendifferenz ΔL und wird wie folgt berechnet:

$$\Delta L(t) = B_T \frac{\tau}{G} + B_T \int \frac{\tau}{\eta} dt \tag{4.21}$$

Um die Schubspannung im Prozess aufzubauen wird eine Zugkraft während des Tape-Twist-Prozesses auf das Tape aufgebracht. Es ist hierbei zu beachten, dass die Viskosität der Matrix von der Temperatur und der Schergeschwindigkeit abhängig sind. In dem Tape-Twist-Ansatz wird der elastische Anteil des Verscherens nicht betrachtet, wodurch sich die Längendifferenz gemäß Formel 4.22 berechnet.

$$\Delta L(t,T,\dot{\gamma}) = B_T \frac{\sigma_T * t}{\eta(T,\dot{\gamma}) * 1{,}0574 * e^{\left(-3{,}818 * \frac{\Delta L_{geom}}{B_T * t}\right)}} \quad mit\, \sigma_T = \frac{F_Z}{B_T * D_T} \tag{4.22}$$

Exemplarisch wird die Auswirkung des visko-elastischen Verhaltens eines Tapes mit einer Breite von B_T = 25 mm und einer Tape-Zugkraft F_Z in Höhe von 100 N aufgezeigt. Das Resultat ist in Bild 4.17 aufgetragen.

Die Berechnungen zeigen, dass das visko-elastische Verhalten den Kurvenwinkel reduziert. Die Temperaturabhängigkeit ist ersichtlich, bei höheren Temperaturen wird ein größerer Kurvenwinkel durch die reduzierte Viskosität erzielt. Es ist dabei zu beachten, dass diese Schubkräfte kontinuierlich wirken und damit auch, wenn die dynamische Umlenkrolle nicht bewegt wird. Folglich ist es ratsam, die dynamische Umlenkrolle immer möglichst zügig zurück in die Ausgangslage zu fahren. Ebenfalls ist die Tape-Zugkraft beschränkt. Die Kräfte müssen durch das Laminat getragen werden und Zugspannungen im Tape während der Ablage können insbesondere bei flächigen Laminatstrukturen zu Verformungen führen.

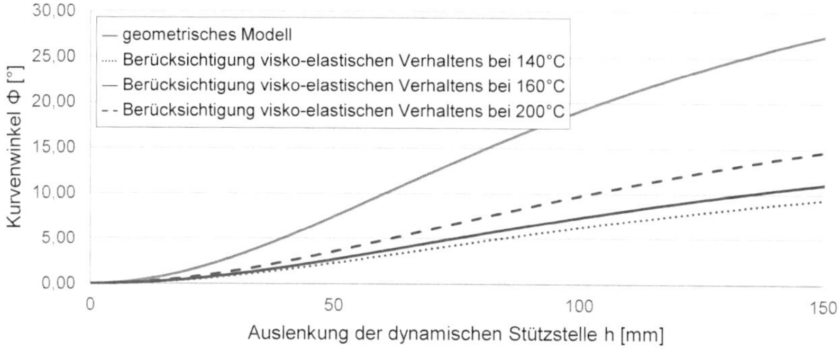

Bild 4.17: Einfluss des visko-elastischen Verhaltens auf den Winkel der Tape-Kurve

Influence of visco-elastic properties on tape curvature

4.2.5 Fazit des „Tape-Twist"-Ansatzes zur kontinuierlichen Konditionierung

Summary for Tape-Twist approach for continuous conditioning

In diesem Abschnitt wurde der Tape-Twist Ansatz zum Einbringen von lateralen Kurven in Tapes entwickelt. Im Rahmen dessen wurden die geometrischen Zusammenhänge und Einflussfaktoren dargestellt. Es zeigt sich, dass Kurvenwinkel von 52,4° erreicht werden können, bei einer Auslenkung von 490 mm. Ein Kurvenradius von 100 mm sind rechnerisch noch gut möglich. Mit dem hier entwickelten Ansatz limitiert die Tape-Breite weder den Kurvenradius noch den Kurvenwinkel. In Bild 4.18 sind die Steuer- und Einflussgrößen auf das Tape-Twist Modul übersichtlich dargestellt.

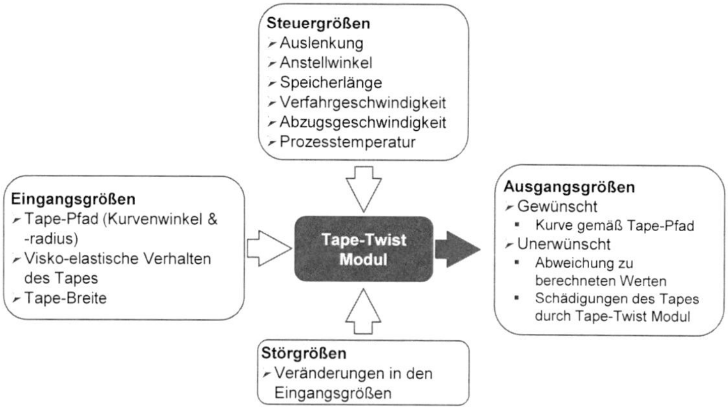

Bild 4.18: Parameterdiagramm mit Einflussgrößen des Tape-Twist-Moduls

Parameter diagram with impact values of Tape-Twist module

Bei Anwendung des Ansatzes ist darauf zu achten, dass die Abzugsgeschwindigkeit mindestens doppelt so hoch ist wie die Verfahrgeschwindigkeit der Umlenkrolle. Darüber hinaus wird mit dem Tape-Twist-Ansatz eine Schubspannung in das Tape induziert. Diese Schubspannung reduziert zum einen den maximal erreichbaren Kurvenwinkel um ca. 25 % und baut die gespeicherte Kurvenlänge im Tape-Twist-Modul kontinuierlich ab. Entsprechend ist eine Rückkehr der Umlenkrolle in die Ausgangslage anzustreben.

4.3 Ansatz zur Online Tape-Überwachung

Approach for continuous tape monitoring

Mit dem Tape-Twist-Ansatz ist es möglich, Laminate mit kurvigen Bahnkurven ohne Faserondulationen und Laminatschädigungen herzustellen, wodurch die Qualität von Tape-gelegten Laminaten erhöht wird. Mit dem Ansatz der kontinuierlichen Tape-Überwachung wird ein zusätzlicher Beitrag zur Qualitätssicherung angestrebt.

Das in-situ Tape-Legen ist ein sehr effizienter Prozess, da das Tape direkt bei der Ablage mit dem Bauteil verschweißt wird. Eine Korrektur in der Ablage ist nachträglich jedoch nahezu unmöglich. Aus diesem Grund ist es elementar bereits vor der Ablage sicherzustellen, dass die geforderte Tape-Qualität gewährleistet und die Prozessparameter entsprechend dem Material angepasst sind. Folglich muss das einlaufende Tape vor der Ablage kontinuierlich und zerstörungsfrei untersucht und bewertet werden, damit ein aktiver Prozesseingriff möglich ist, siehe Bild 4.19.

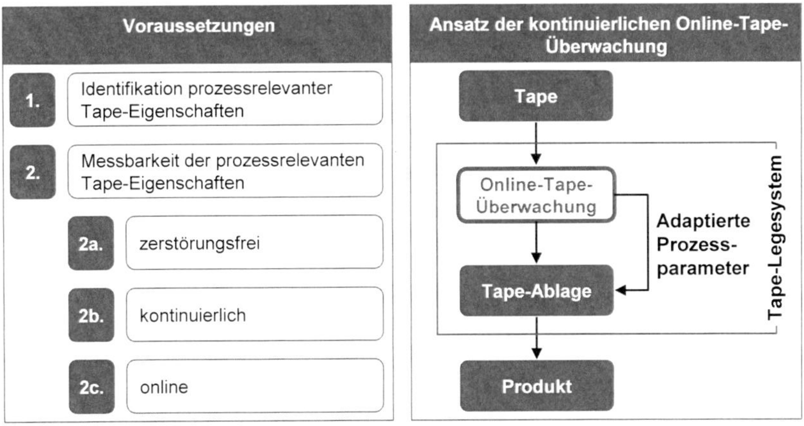

Bild 4.19: Ansatz der kontinuierlichen Online-Tape-Überwachung

Parameter diagram with control and input values of Tape-Twist module

Die Erfassung des Tapes durch ein optisches Messmittel ist der hier gewählte Ansatz. Das Messmittel wird in dem Tape-Legesystem als Zusatzmodul integriert. Mit einem Algorithmus werden die Sensordaten des Messmittels aufbereitet und ausgewertet. Die Anbindung an die Steuerung ermöglicht eine adaptive Prozessregelung auf Basis der Tape-Überwachung. Aus diesem Grund wird der Einfluss von Störgrößen, in Form von Schwankungen der Tape-Qualität, reduziert. Ein robusterer Prozess mit einer höheren Laminatqualität ist zu erwarten.

Für eine effiziente Untersuchung des Tapes ist es in einem ersten Schritt notwendig, die zu untersuchenden Parameter zu identifizieren. Die Parameter ergeben sich aus dem in-situ Tape-Lege-Prozess und werden in einem Parameterdiagramm dargestellt. Basierend auf den identifizierten Parametern wird das Messsystem entwickelt und validiert.

4.3.1 Identifizierung prozessrelevanter Einflussgrößen

Identification of relevant parameters

Mit dem Ziel die prozessrelevanten Einflussgrößen zu identifizieren, wird der Tape-Legeprozess folgend mittels der Systemtheorie analysiert und über Parameterdiagramme dargestellt. Der Fokus des entwickelten Prozessmodells liegt auf einer ganzheitlichen Betrachtung des in-situ Tape-Legens in einem industriell geprägten Umfeld.

Wie in Kapitel 2.3.2 beschrieben ist das zu untersuchende System der Tape-Legeprozess mit einer photonischen Energiequelle zur Verschweißung der Tapes auf dem Laminat oder Substrat ausgestattet. Durch das System können dementsprechend Tapes zu Laminaten verarbeitet werden. Weitere Verarbeitungsschritte, wie ein Pressen oder Autoklavieren, werden nicht betrachtet. Für das in-situ fähige Tape-Legen wird der Schweißprozess in die Phasen Aufheizung, Lagenkontakt und Autohäsion untergliedert [STEY13]. Es ist dabei zu beachten, dass die Phasen sich gegenseitig beeinflussen und sowohl zeitlich als auch örtlich ineinander übergehen, siehe Bild 4.20.

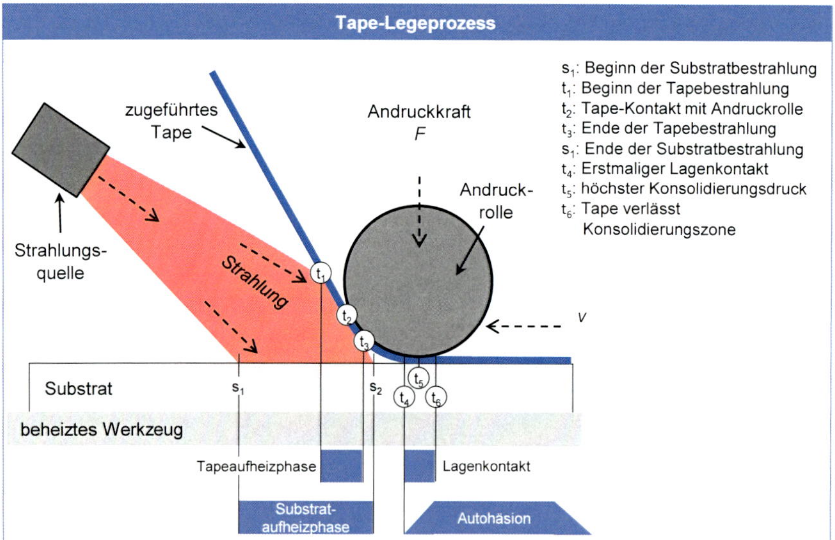

Bild 4.20: Prozessphasen des Tape-Legens [KERM15; STEY13]

Process phases of tape laying

Zusätzlich zu den drei Phasen wird aufgrund des generativen Charakters des Prozesses die Ablage des Tapes als weitere Prozessphase mit aufgenommen. Die Ablage findet kurz vor und mit der Bildung des Lagenkontakts statt und hat die positionsgenaue Platzierung des Tapes auf dem Substrat zum Ziel. Die einzelnen Phasen werden zuerst einzeln betrachtet und dann nochmal zusammengefasst, siehe Bild 2.20.

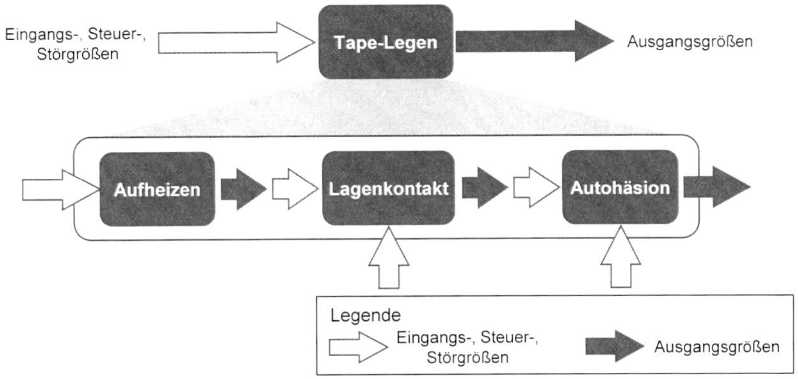

Bild 4.21: Tape-Legesystem mit den Subsystemen

Tape laying system with its sub-systems

Weitere Funktionen von Tape-Legesystemen wie z.B. Schneideinheiten und Tape-Bevorratung, werden bewusst nicht im Rahmen dieser Arbeit betrachtet. Auch wenn diese Funktionen notwendig für ein industriell betriebenes System sind, wird der Fokus auf die positionsgenaue in-situ Verschweißung von Tapes gelegt. Der Tape-Legeprozess wird dadurch auf das Aufheizen, den Lagenkontakt und die Autohäsion reduziert. Die Ausbildung der Kristallinität bei teilkristallinen thermoplastischen Matrixwerkstoffen wurde bereits umfassend untersucht und wird hier nicht spezifisch beachtet [KERM15].

Aufheizphase

Die Aufheizphase hat das Ziel, die Fügezone von Substrat und Tape soweit aufzuwärmen, dass eine vollständige Verschweißung möglich ist [FUNC96]. Mit dem Eintreffen direkter Strahlung auf dem Material beginnt die Aufheizphase. In dieser Phase wird gewöhnlich sowohl das Tape als auch zeitgleich das Substrat erwärmt. Die Aufheizphase endet mit der direkten Erwärmung. Häufig entsteht durch die Anordnung von den Strahlern im Punkt des erstmaligen Lagenkontakts (t_4 in Bild 4.20), auch Zwickelpunkt bzw. im englischen Nip-Point genannt, eine Abschattungszone ohne direkte Bestrahlung. Besonders beim Tape-Legen ist es durch Bauraumrestriktionen nicht immer möglich direkt den Zwickelpunkt zu bestrahlen. In der Abschattungszone, ein kurz vor der Fügezone liegender Bereich, wird das Tape ab dem Punkt t_3 und das Substrat ab dem Punkt s_4 nicht mehr bestrahlt, siehe Bild 4.20.

Zur Vorhersage des Aufheizens existieren verschiedenste Ansätze und Modelle [GROU12; KÖLZ08; STOK15; WEIL17]. In dem von KÖLZER entwickelten thermodynamischen Modell für den thermoplastischen Tape-Legeprozess wird durch

Laserstrahlung das Material aufgeheizt. Der eingekoppelte Wärmestrom $\dot{Q}_{SH}$ berechnet sich hierbei aus der Heizquellen-Strahlung, welche auf die Fläche A trifft und den Absorptionskoeffizienten α des bestrahlten Bereichs [KÖLZ08].

$$\dot{Q}_{SH} = \Phi_{e,H} * A * \alpha \tag{4.23}$$

Elementar für die Energieeinbringung der Strahlung in das Tape und Substrat ist das Absorptionsverhalten. Grundsätzlich wird Strahlung von realen Körpern reflektiert, transmittiert und absorbiert, wie in Bild 4.22 für ein Tape schematisch gezeigt wird. Die Anteile variieren jeweils unter anderem je nach Material, Beschaffenheit, Temperatur, der Wellenlänge und dem Einfallwinkel der wirkenden Strahlung [BAEH13]. Eine Transmission von Strahlung liegt bei Tapes, aufgrund der Carbonfasern bzw. der Kohlenstoffpartikel in dem Polymer, nicht vor und kann somit vernachlässigt werden [GROU12].

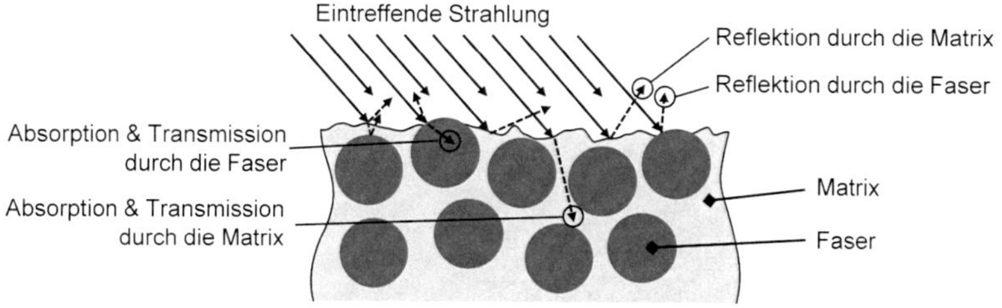

Bild 4.22: Schematische Illustration der optischen Phänomene beim Auftreffen von Licht auf ein Tape [GROU12]

Schematic illustration of the optical phenomena when light strikes a tape

Für die Strahlungsabsorption sind die Oberflächenrauheit und -Kontamination zwei wesentliche Faktoren. Raue Oberflächenstrukturen reflektieren einen Teil der Strahlung erneut auf das Material und erhöhen dadurch die Gesamtabsorption. GROUVE hat diesbezüglich für Tapes gezeigt, dass eine Anisotropie in der Reflexion vorliegt, welche mit der Faserausrichtung korreliert. Dies liegt an dem Reflektionsverhalten der Fasern und an der Oberflächenbeschaffenheit der Tapes. Die Tapes weisen Rillen in Faserrichtung auf und verstärken den Effekt der anisotropen Reflektion durch die Fasern. Des Weiteren wurde gezeigt, dass eine glattere Oberfläche einen höheren Reflektionsgrad aufweist, wobei in beiden Fällen ein großer Anteil an Strahlung spiegelnd reflektiert wurde. [GROU12]

In den bekannten Prozessmodellen wird jedoch keine Differenzierung in der Oberfläche des zu bestrahlenden Tapes vorgenommen. Das Modell von KÖLZER nimmt beispielsweise an, dass mit der Absorption der Reflektion die Laserstrahlung vollständig absorbiert wurde, unabhängig von der Oberflächenbeschaffenheit [KÖLZ08]. Um festzustellen, ob die Tape-Oberfläche einen Einfluss auf das Aufwärmverhalten des Tapes hat, wird basierend auf den Erkenntnissen von GROUVE die Abhängigkeit von Oberflächenbeschaffenheit und Aufwärmungsverhalten in dieser Arbeit untersucht.

Mit der am Fraunhofer IPT, Aachen, entwickelten Tape-Legeanlage PrePro® | 2D IR wird das Aufheizverhalten von Tapes mit unterschiedlicher Oberfläche untersucht [JANS17]. Die Legeanlage nutzt Infrarotstrahler mit drei Zonen zur Aufheizung und verfügt über einen beheizbaren Werkzeugtisch. Der für die Ausbildung des Lagenkontakts notwendige Konsolidierungsdruck wird über eine pneumatisch betriebene starre und temperierbare Andruckrolle realisiert.

Die verwendeten Tapes sind zwei unidirektional kohlenstofffaserverstärkte Tapes mit einer Polyamid 12, PA12, Matrix. Die Tapes unterscheiden sich in ihrer Art der Herstellung und Zusammensetzung. Das Tape #1 wird mittels einer Schmelzimprägnierung erzeugt und besitzt einen Faservolumengehalt von 50 %. Das dispersionsimprägnierte Tape #2 weist einen um 5 % höheren Faservolumengehalt auf. In Tabelle 4.2 werden die technischen Eigenschaften der Tapes zusammengefasst.

Tabelle 4.2: Technische Daten der verwendeten Tapes
Technical data of the tapes

Merkmal	Tape #1	Tape #2
Polymer	PA12 Typ: Evonik Vestamid© (Granulat)	PA12 Typ: Evonik Vestosint© 2159 (Pulver)
Verstärkungsfaser	Carbonfaser Typ: N/A	Carbonfaser Typ: Hexcel HS-CP-5000-AS4
Herstellungsverfahren	Schmelzimprägnierung	Dispersionsimprägnierung
Faservolumengehalt	50,00 %	55,00 %
Fasergewichtsanteil	64,00 %	68,29 %
Tape-Dichte	1,410 g/cm^3	1,442 g/cm^3
Tape-Nennbreite	25 mm	25 mm
Tape-Nenndicke	0,15 mm	0,1380-0,1523 mm

Zur messtechnischen Erfassung der Tape-Oberfläche wird hier das Tastschnittverfahren verwendet. Die taktilen Oberflächenmessungen werden mit dem Perthometer Form Talysurf Series 2 der Fa. Taylor Hobson, Leicester, England, unter Normklima durchgeführt. Hierfür werden jeweils fünf Probestücke pro Tape-Variante konfektioniert und auf dem Prüftisch fixiert. Da eine Beschädigung des weichen Probenmaterials durch die Diamantspitze nicht ausgeschlossen werden kann, wird auf die zweimalige Messung einer Einzelprobe verzichtet. Für die aus zehn Einzelmessungen bestehende Versuchsreihe wird ein Taster mit Kegelwinkel $\beta_K = 60°$ und Spitzenradius von $r_{tip} = 2$ µm verwendet.

Die zu untersuchenden Tapes weisen eine Breite von 25 mm auf. In Vorversuchen konnte eine Rauheit von Ra < 10 µm festgestellt werden. Für den zu ermittelnden Messbereich von 12,5 bis 40 mm und einem zu erwartenden arithmetischen Mittenrauwert Ra von 2 bis 10 µm definiert JENOPTIK basierend auf der DIN EN ISO 4288 die

Grenzwellenlänge zu λ_c = 2,5 µm [JENO15]. Die Ergebnisse der taktilen Oberflächenmessungen sind Tabelle 4.3 zu entnehmen.

Tabelle 4.3: Ergebnisse der taktilen Oberflächenmessungen (über die Tape-Breite)

Results of tactile surface measurement (over tape width)

	Arithmetische mittlere Rauheit Ra [µm]		Arithmetische mittlere Welligkeit Wa [µm]	
	Mittelwert	Std.-Abweichung	Mittelwert	Std.-Abweichung
Tape #1	1,18	0,0669	4,50	1,2780
Tape #2	2,35	0,2264	6,70	2,0416

Im Vergleich zum Tape #1 konnten für das dispersionsimprägnierte Tape #2 etwa doppelt so hohe Mittenrauwerte gemessen werden. Die mittlere Welligkeit des Tapes #2 ist um den Faktor 1,49 größer als die des Tapes #1. Es ist jedoch auffällig, dass die Standardabweichung bei der Welligkeitsmessung vergleichsweise hoch ausfällt.

Zur Verifizierung der taktilen Oberflächenmessung wird anhand von Schliffbildern die Struktur und Oberfläche der Tapes untersucht. Der Schnitt erfolgt quer zur Faserrichtung, in Matrix eingebettet und mikroskopisch untersucht, siehe hierzu auch Bild 4.23.

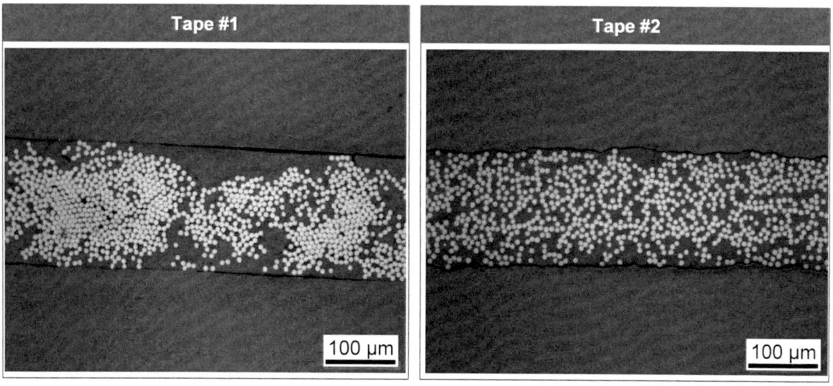

Bild 4.23: Schliffbilder von zwei Tapes

Microscopic cross-section of two tapes

Das Tape #1 hat eine glatte Oberfläche mit vereinzelten Faseraustritten aus der Oberfläche. Die glatte Oberfläche ist typisch für eine Schmelzimprägnierung. Ebenfalls sind auf dem Schliffbild Faseragglomerationen und Poren zu erkennen. Die Agglomerationen und Poren können, durch Änderungen des Absorptionsverhaltens und der Wärmeleitfähigkeit, zu lokalen Temperaturschwankungen führen. Bereiche mit höheren Faservolumengehalten weisen theoretisch eine höhere Leitfähigkeit auf, wohingegen Poren die Leitfähigkeit reduzieren. Der Einfluss wird als vernachlässigbar betrachtet, da im Mittel der Faservolumengehalt konstant ist. Auch ist die Wärmeleitfähigkeit in Dickenrichtung bei unidirektionalen Halbzeugen nur max. viermal höher als bei reiner Matrix und ein vergleichbares unidirektionales CF/PA6-Tape weist eine

Wärmeleitfähigkeit quer zur Faser von 0,61 W/mK auf. [JOVE; KROP17] [SCHU08]. Dem Schliffbild von Tape #2 ist eine homogene Faser-Matrix-Verteilung zu entnehmen bei einer rauen Oberfläche. Die Untersuchungsergebnisse bestätigen die taktilen Messergebnisse einer raueren Oberfläche des dispersionsimprägnierten Tapes #2 im Vergleich zu Tape #1.

Zur Untersuchung der Abhängigkeit von Oberflächenbeschaffenheit und Aufwärmungsverhalten wird die Prozesstemperatur bestimmt, indem zwei Tapes übereinander abgelegt werden. Auf das erste Tape wird mittig ein Typ K Thermoelement aufgebracht, mit welchem die Temperatur kontinuierlich gemessen wird. Der Versuchsaufbau kann Bild 4.24 entnommen werden.

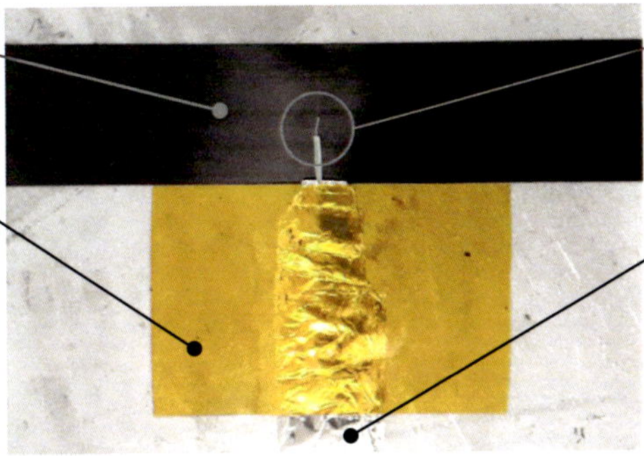

Bild 4.24: Versuchsaufbau zur Temperaturuntersuchung

Experimental test setup for temperature investigation

Die darauffolgende Ablage des zweiten Tapes wird für beide Tapes mit gleichen Prozessparametern durchgeführt. Der Temperaturverlauf des Substrat-Tapes wird mit dem Datenlogger GL220 der Fa. Graphtec Corporation, Tokio, Japan, aufgezeichnet. Die vollständigen Versuchsparameter sind in Tabelle 4.4 aufgeführt.

Tabelle 4.4: Prozessparameter zur Temperaturuntersuchung

Technical data of the tapes

Parameter		Einstellwert
Andruckkraft F_K	[%]	80
IR-Strahlerleistung P_{Tape} / $P_{Zwickel}$ / P_{Subs}	[%]	45 / 45 / 55
Verfahrgeschwindigkeit v	[m/min]	5
Ist-Werkzeugtischtemperatur $T_{WT,ist}$	[°C]	155

In Bild 4.25 sind die Temperaturverläufe für beide Tape-Materialien exemplarisch dargestellt. Für beide Tapes zeigt sich, aufgrund steigender Temperaturen während der Aufheizphase, ein ähnliches Verhalten. Im direkten Vergleich entsteht jedoch in den Tapes unterschiedlich viel Wärme. Die maximale Substrattemperatur bei gleichen Prozessparametern ist bei Tape #2 um ca. 20 °C höher. Somit liegt ein unterschiedliches

Strahlungsabsorptionsverhalten bei den Tapes vor und eine rauere Oberfläche könnte für eine effiziente Wärmeeinbringung vorteilhaft sein.

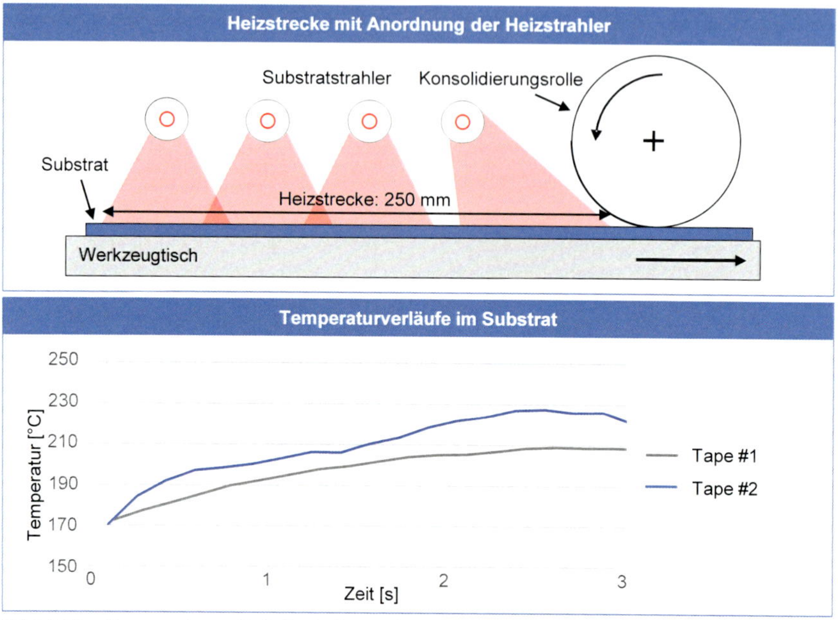

Bild 4.25: Temperaturverläufe im Substrat für zwei verschiedene Tapes

Temperature history of the substrate for two different tapes

Die experimentelle Untersuchung des Aufheizverhaltens mit den hier durchgeführten zeigen, dass sich die Tapes durch die Bestrahlung auf die angestrebte Prozesstemperatur erhitzen lassen. Ebenso ist den Versuchen zu entnehmen, dass bei den hier gewählten Materialien nicht die gleichen Temperaturen erzielt werden, obwohl es sich um PA12/CF-Tapes ähnlicher Zusammensetzung handelt. Mit dem raueren Tape #2 wird eine 20°C höhere Temperatur erreicht. Aus diesem Grund wird angenommen, dass die Oberfläche der Fügepartner in Form von Tape und Substrat das Aufheizverhalten beim in-situ Tape-Legen mit photonischer Energiequelle beeinflusst.

Die Einflussparameter basierend auf bestehenden Modellen und den hier durchgeführten Untersuchungen sind in Bild 4.26 dargestellt. Bei den Eingangsgrößen ist zwischen Halbzeug und dem Tape-Legesystem zu unterscheiden. Beide Größen können nicht aktiv im Prozess beeinflusst werden. Für Tape und Substrat sind das Reflexions- und Absorptionsverhalten, welche auch durch die Oberfläche beeinflusst werden, die größten Einflussfaktoren auf das Aufheizverhalten. Elementare Eingangsgrößen des Tape-Legesystems auf das Aufheizen ist die Heizquelle. Mit Prozessparametern des Tape-Legesystems kann das Aufheizverhalten beeinflusst werden. Diese sind die Heizquellenleistung, die Prozessgeschwindigkeit und die Werkzeugtemperatur. Den größten Einfluss haben die Heizquellenleistung und Prozessgeschwindigkeit. Mit steigender Leistung und sinkender Prozessgeschwindigkeiten lassen sich grundsätzlich höhere

Temperaturen erzielen. Inhomogene Faserverteilungen und Poren im Tape stellen Störgrößen dar. Diese werden ebenso wie Änderungen in der Oberfläche als Veränderung in den Eingangsgrößen betrachtet.

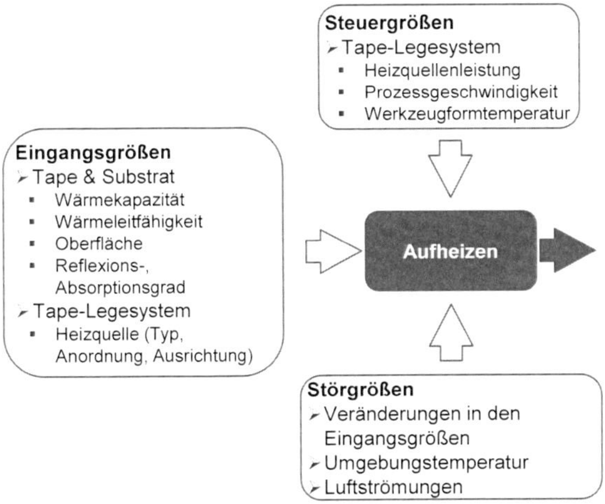

Bild 4.26: Parameterdiagramm des Subsystems Aufheizen

Parameter diagram of sub system heating

Im Unterschied zu den bestehenden Prozessmodellen von GROUVE und KÖLZER werden in dieser Arbeit die Oberflächenbeschaffenheit und das Reflexions-/ Absorptionsverhalten des Tapes als elementare Einflussfaktoren für das Aufheizverhalten betrachtet. Die hier untersuchten Tapes mit vergleichbarer Zusammensetzung und dennoch andersartiger Oberfläche zeigen ein unterschiedliches Aufheizverhalten. Demnach ist es möglich, dass die Oberflächeneigenschaften mit dem Absorptionsgrad bei strahlungsbasierten Aufheizverfahren korrelieren und sich rauere Tapes mit strahlungsbasierten Heizquellen effizienter aufheizen lassen.

Tape-Ablagephase

Eine hohe Verschweißungsgüte von Tape zu Substrat ist für die Qualität Tape-gelegter Bauteile elementar, aber nicht das einzige Kriterium. Des Weiteren ist die Maßhaltigkeit des abgelegten Tapes zu beachten. Die Ablage findet kurz vor und mit der Bildung des Lagenkontakts statt und hat die positionsgenaue Platzierung des Tapes auf dem Substrat zum Ziel.

Einflussfaktoren auf die Ablagephase sind der Lagenaufbau, das Substrat und das Tape. Der Laminataufbau definiert dabei die Tape-Pfade und nach einer ersten abgelegten Lage auch das Substrat und deren Struktur. Jedoch können bereits durch die Festlegung spezifischer Pfade Defekte bei der Ablage kaum vermieden werden. Lagen- oder pfadspezifische Fehlstellen entstehen sobald Material-Aufwerfungen, Überlappungen oder auch Lücken bereits in der Auslegung nicht zu vermeiden sind.

Beispielsweise ist Prinzip bedingt bei jeder Kreuzwicklung ein Risiko von Defekten vorhanden. Darüber hinaus können gekrümmte Bahnen in der Ebene zusätzlich zu Faserondulationen führen. Wie in Bild 4.27 dargestellt, kann es bei der Tape-Ablage an den Tape-Kanten zu Fehlstellen in Form von Kavitäten kommen. Dies ist durch die begrenzte Verformbarkeit der Tapes bedingt. Mit Faservolumengehalten von 50 % ist die Matrix im Tape während des in-situ Prozesses nicht in der Lage, in diese Kavitäten zu fließen, da die Fasern nur begrenzte Tape-Verformungen zulassen und ein Matrixfließen unterbinden. [SCHL06]

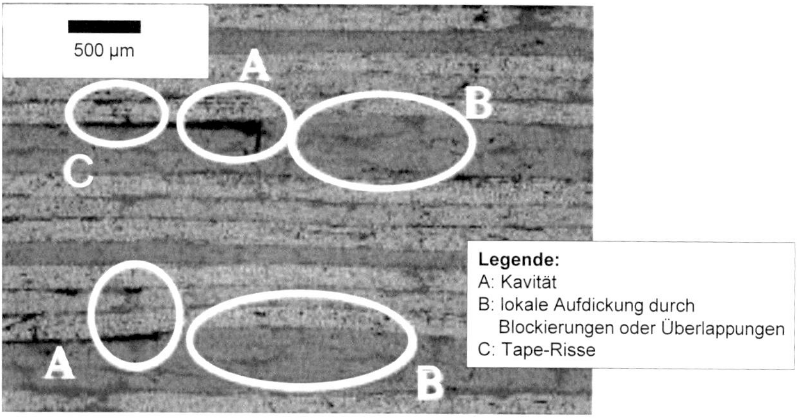

Bild 4.27: Defekte durch Materialaufwerfungen und -Überlappungen [SCHL06]

Defect generation due to material elevation and overlaps

Das Tape als Halbzeug hat einen großen Einfluss auf die Laminatqualität im in-situ Tape-Lege-Prozess, siehe Bild 4.28. Dabei sind die verfügbaren Tapes in ihren Eigenschaften sehr unterschiedlich. Dies betrifft neben den makroskopischen Eigenschaften auch die mikroskopischen Eigenschaften [SCHL07].

Häufige Defekte im Tape sind demnach eine ungleichmäßige Dicke, Breite und Faserverteilung, nicht imprägnierte Filamente, eine hohe Oberflächenrauheit, Faserwellungen, sowie Schlitze (in Faserrichtung) und Unterbrechungen (quer zur Faser) im Tape [SCHL12]. Können diese Punkte nicht voll erfüllt werden, ist mit Komplikationen in der Verarbeitung und reduzierten Bauteilqualitäten zu rechnen.

Zur Reduktion von Defekten aufgrund der Ablagephase in Form von potentieller Lücken und Überlappungen können breitere Tapes verarbeitet werden. Hierdurch reduzieren sich die Möglichkeiten von Lücken oder Überlappungen. Mit dem hier bereits beschriebenen Tape-Twist-Ansatz wird ein Vorgehen beschrieben, wodurch breitere Tapes auch bei lateralen Kurvenbahnen eingesetzt werden können.

Eine weitere Reduktion von Defekten lässt sich mit der Überwachung der Tape-Geometrie erzielen. Mit der Überwachung der Tape-Breite können Überlappungen bei zu breiten und Kavitäten bei zu schmalen Tapes durch eine adaptive Prozessführung präventiv vermieden werden.

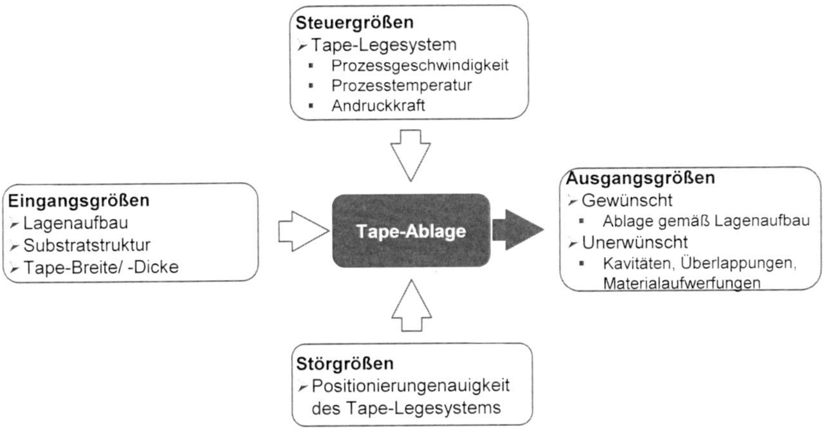

Bild 4.28: Parameterdiagramm des Subsystems Ablage

Parameter diagram of sub system placement

Lagenkontaktphase

Mit dem Abschluss der Aufheizphase trifft das Tape auf das Substrat und die Lagenkontaktphase startet. Innerhalb des Lagenkontakts ist der in Kontakt stehende Flächenanteil D_{ic} von Tape und Substrat zu maximieren [BUTL98]. Der Lagenkontakt ist essentiell für die Ausbildung adhäsiver Kräfte, welche die Verbindungsgüte definieren. Bei optimal glatten Oberflächen wird ein vollständiger Lagenkontaktgrad direkt mit erstmaligen Kontakt erzeugt. Aufgrund von Unebenheiten der Substratoberfläche und des Tapes befinden sich die Fügepartner unmittelbar zu Beginn der Verschweißung noch nicht im vollständigen Kontakt. Die Oberflächenunebenheiten müssen durch den Einfluss des Konsolidierungsdrucks abgeflacht werden. Bei einer unzureichenden Abflachung wird kein vollständiger Lagenkontakt erzielt, wodurch interlaminare Lunker entstehen, die eine Schwachstelle darstellen [BERE02]. Aufgrund der kurzen Prozesszeiten im Tape-Legen ist insbesondere der Grad des initialen direkten Kontakts nicht vernachlässigbar [GROU12, S. 45; BUTL98, S. 343].

Für die Berechnung des Lagenkontakts existieren verschiedene Modelle und Ansätze. Ursprüngliche Ansätze betrachten den Thermoforming-Prozess. Hier wird sowohl Druck als auch Temperatur über einen langen Zeitraum aufgebracht, sodass es sich um einen quasistatischen Prozess handelt. DARA und LOOS haben erstmalig ein Lagenkontaktmodell für thermoplastische FVK-Halbzeuge entwickelt. Das Modell umfasst eine statistische Beschreibung der Geometrie, ein mechanisches Verarbeitungsmodell, sowie ein rheologisches Modell des Materials [DARA85]. Obwohl dieses Modell zunächst für die Vorhersage der Entwicklung des direkten Kontaktes bei einem Pressprozess entwickelt wurde, erfährt es auch bei der Beschreibung von Tape-Legeprozessen eine breite Anwendung [LEE87]. So wurde das Modell bereits 1992 durch MANTELL und SPRINGER und 1997 durch SONMEZ auf einen Tape-Legeprozess übertragen [SONM97].

Das Modell für die Vorhersage der Entwicklung eines direkten Kontaktes nach LEE basiert auf der Approximation eines Tape-Oberflächenprofils quer zur Faserrichtung. Die Oberfläche wird hier durch gleich große Rechtecke beschrieben [LEE87]. Der Grad des direkten Lagenkontakts D_{ic} wird nach LEE entsprechend folgender Formel berechnet [LEE87]:

$$D_{ic}(t) = D_{ic,0} * \left[1 + 5\left(1 + \frac{w_0}{b_0}\right)\left(\frac{a_0}{b_0}\right)^2 \int_0^{t_c} \frac{p}{\eta(T(t))} dt\right]^{\frac{1}{5}} \tag{4.24}$$

Die Input-Parameter zur Berechnung des Lagenkontakts sind die geometrischen Verhältnisse $\frac{w_0}{b_0}$ und $\frac{a_0}{b_0}$, welche sich aus dem Oberflächenprofil ergeben. Darüber hinaus wirken die Faser-Matrix-Viskosität η(T) in Abhängigkeit der applizierten Temperatur T sowie der wirkende Druck p. Das Modell einer entsprechenden Tape-Oberfläche ist in Bild 4.29 für den verformten ($t=t_i>0$) und unverformten Fall (t=0) dargestellt.

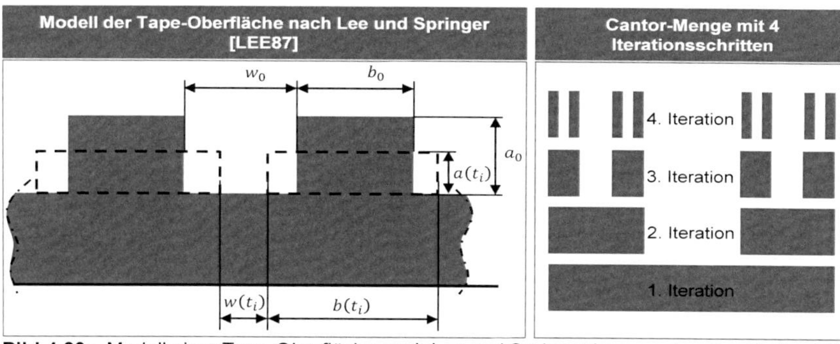

Bild 4.29: Modell einer Tape-Oberfläche nach Lee und Springer im unverformten Zustand für t=0 und zu einem Zeitpunkt t_i [LEE87]

Model of tape surface according to Lee and Springer

In weiteren Arbeiten wurde dieses grundlegende Modell modifiziert und ergänzt. GROUVE hat beispielsweise die Berechnung der Zeitspanne bis zum vollständigen direktem Kontakt vereinfacht, indem er einen konstanten Fügedruck und Viskosität angenommen hat. [GROU12]

YANG & PITCHUMANI haben ein alternatives Modell zur Beschreibung der Oberfläche entwickelt. Die Oberfläche wird über eine Cantor-Menge repräsentiert. Die Cantor-Menge setzt sich aus Punkten zusammen, welche auf einem Liniensegment liegen und ist exemplarisch in Bild 4.29 dargestellt. Die gröbsten Unebenheiten stellen die ersten Iterationen beim Cantor-Model dar, wobei im Kontaktmodell zuerst die kleinsten Unebenheiten abgebaut werden. Die notwendigen Parameter zur Definition der Cantor-Menge können direkt einer Oberflächenprofilmessung entnommen werden [YANG01]. Der fraktale Ansatz wurde unter anderem von KHAN, STEYER und STOKES-GRIFFIN zur Modellierung des Tape-Legeprozesses angewandt [KHAN10; STEY13; STOK13]. STEYER hat beispielsweise eine vereinfachte Formel für das Tape-Legen abgeleitet, welche zur Berechnung des Lagenkontaktanteils D_{ic} lediglich auf die Prozesseinflüsse und reduzierte Oberflächenparameter zurückgreift [STEY13].

Die Modelle von LEE & SPRINGER und YANG & PITCHUMANI wurden von SCHÄFER im Kontext des Tape-Legens gegenübergestellt. In experimentellen Versuchen konnte ein vollständiger Lagenkontakt je nach Temperatur und Druck in den meisten Fällen in unter 10 Sekunden erzielt werden. Demnach wird mit dem LEE & SPRINGER-Modell die Kontaktzeit bis zu einem vollständigen Lagenkontakt sehr konservativ abgeschätzt. Innerhalb von 10 Sekunden beträgt der Lagenkontakt 80-100 % und ist stets niedriger als die experimentellen Ergebnisse. Das YANG & PITCHUMANI-Modell hingegen überschätzt die Kontaktzeit für das untersuchte Material klar. Nach 10 Sekunden beträgt der Lagenkontakt 20-35 % und für ein vollständigen Lagenkontakt werden mehrere Minuten berechnet. Dabei ist hier zu beachten, dass der initiale Kontaktanteil mit 10 % im Gegensatz zu dem LEE & SPRINGER-Modell von ca. 50 % deutlich niedriger ist. Bei beiden analytischen Modellen ist die große Sensitivität bezüglich der Oberflächenparameter und ihrer Bestimmung zu beachten. [SCHA17]

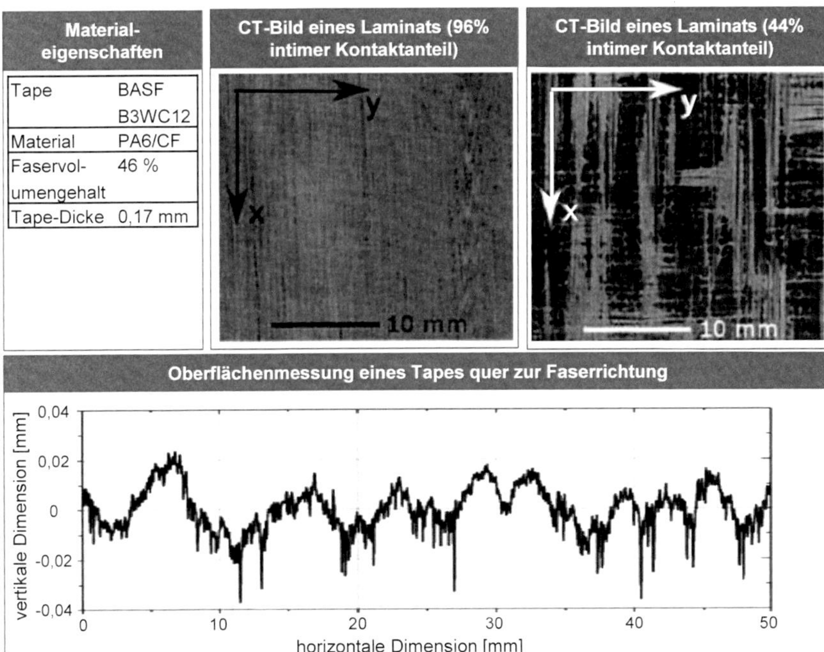

Bild 4.30: Laminate mit unterschiedlichen direkten Kontaktanteilen [SCHA17]

Laminates with different ratios of intimate contact

Zur Verifizierung des Einflusses der ursprünglichen Tape-Oberfläche auf den Lagenkontaktanteil werden Röntgencomputertomografie-Bilder von Laminaten mit der Tape-Topographie verglichen. Bei einem Lagenkontaktanteil von 44 % ist das Profil des Tapes erkennbar. Der Kontakt liegt lediglich an den Tape-Erhebungen vor und die Breiten der unkonsolidierten Zonen betragen ca. 2-5 mm. Diese Abstände spiegeln sich in dem Oberflächenprofil in Bild 4.30 wieder, welches vor der Konsolidierung erstellt wurde.

Unter Berücksichtigung der degressiven Annährung an den vollständigen Lagenkontakt wird geschlossen, dass die großen Oberflächenunebenheiten die für eine vollständige Konsolidierung benötigte Zeit definieren. Kleinere Oberflächenunebenheiten haben im Gegensatz dazu keinen signifikanten Einfluss auf die Entwicklung des direkten Kontaktes. Diese Beobachtung steht im Einklang zu dem Modell von YANG & PITCHUMANI und den Untersuchungen durch KHAN. In experimentellen Untersuchungen und Simulationen wurde festgestellt, dass bei Tapes mit geringer Oberflächen-Rauheit ein verbesserter direkter Lagenkontaktaufbau und Lagenverbindung erreicht werden [KHAN13]. Die minimale Lagenkontaktdauer kann durch eine Reduzierung der Tape-Rauheit beschleunigt werden. Tapes mit geringer Oberflächenrauheit gewinnen daher in den letzten Jahren zunehmend an Bedeutung [LEVY14].

Um die Ausbildung des direktem Kontaktes zu beschleunigen, existieren verschiedene Verfahren. HINKLEY hat anhand von Untersuchungen an einem PEEK-Tape ermittelt, dass durch eine matrixreiche Oberfläche die Zeitspanne für einen vollständigen direkten Kontakt von 30 s auf 0,5 s verringert werden kann [HINK96]. Ein größerer Matrixanteil reduziert jedoch den Faservolumengehalt des Tapes, wodurch sich die mechanischen Eigenschaften verschlechtern. GRUBER stellt des Weiteren hohe Dickenvariationen bei Tapes mit einer matrixreichen Oberfläche fest, welche die Ausbildung eines vollständigen direkten Kontaktes wiederum verhindern [GRUB12].

Die temperaturabhängige Viskosität von Tape und Substrat ist ein weiterer wichtiger Parameter zur Erzeugung eines Lagenkontakts und wird über die Arrhenius-Gleichung beschrieben. Mit einer reduzierten Matrixviskosität durch den aufgeschmolzenen Thermoplast kann der Lagenkontakt weiter erhöht werden [DARA85; LEE87].

Prozessseitig lässt sich die Bildung des Lagenkontakts über den Druck p, die Temperatur T und die Lagenkontaktzeit t_L beeinflussen. Wie dem oben beschriebenen Modell entnommen werden kann, hat der aufgebrachte Druck eine positive Wirkung auf die Ausbildung des Lagenkontakts [TIER03; KHAN10]. Der applizierte Druck wirkt während der Lagenkontaktzeit, welche sich ebenfalls positiv auf den Lagenkontakt auswirkt. Die Lagenkontaktzeit wiederum wird über die Geometrie der Andruckrolle und die Ablegegeschwindigkeit bestimmt. Eine Andruckrolle mit größerer Kontaktfläche zur Fügezone resultiert in einer längeren Lagenkontaktzeit. Mit steigender Ablegegeschwindigkeit wird die Lagenkontaktzeit und folglich der Lagenkontakt reduziert [KHAN10]. Der Einfluss der Temperatur ist differenzierter zu betrachten. Durch die Aufheizung des Tapes auf die Verarbeitungstemperatur wird die Viskosität minimiert. Mit einer Verarbeitungstemperatur, welche leicht über der Schmelztemperatur liegt, konnte SCHAEFER die Bildung eines vollständigen Laminatkontakts innerhalb weniger Sekunden nachweisen [SCHA17]. Bei einer Überschreitung der Verarbeitungstemperatur kommt es jedoch zur Degradation des Polymers und dies gilt es zu vermeiden [KHAN10].

In der Zusammenfassung der verschiedenen Modelle und Untersuchungen, durch die Aufarbeitung der Fachliteratur zeigt sich, dass die initialen Oberflächentopographien des Tapes und des Substrats maßgeblich den direkten Kontakt $D_{ic}(0)$ für t=0 definieren. Darüber hinaus wird bei größeren Oberflächenunebenheiten tendenziell mehr Zeit benötigt, um einen vollständigen Lagenkontakt herzustellen. Eine niedrige Viskosität der Fügepartner wiederum begünstigt die Erzielung des Lagenkontakts. Aus diesem Grund sind das Tape und das Substrat die primären gegebenen Eingangsgrößen.

Der Lagenkontakt wird durch eine lange Andruckphase durch die Andruckphase maximiert. Die Andruckrolle wird als Eingangsgröße betrachtet, da diese nicht im Prozess geändert werden kann. Ein hoher Druck bei niedriger Geschwindigkeit wirkt sich förderlich auf den Lagenkontakt auf, unter der Voraussetzung, dass die Prozesstemperatur anliegt. Über die Prozessgeschwindigkeit, Andruckrollenkraft und Verarbeitungstemperatur kann der Lagenkontakt entsprechend der Eingangsgrößen gesteuert und geregelt werden, siehe auch Bild 4.31. Mit einer Messung des einlaufenden Tapes lässt sich die Oberfläche als maßgeblicher Faktor für den Lagenkontakt vor der Verarbeitung ermitteln. Basierend hierauf ist eine Anpassung der Steuerparameter realisierbar.

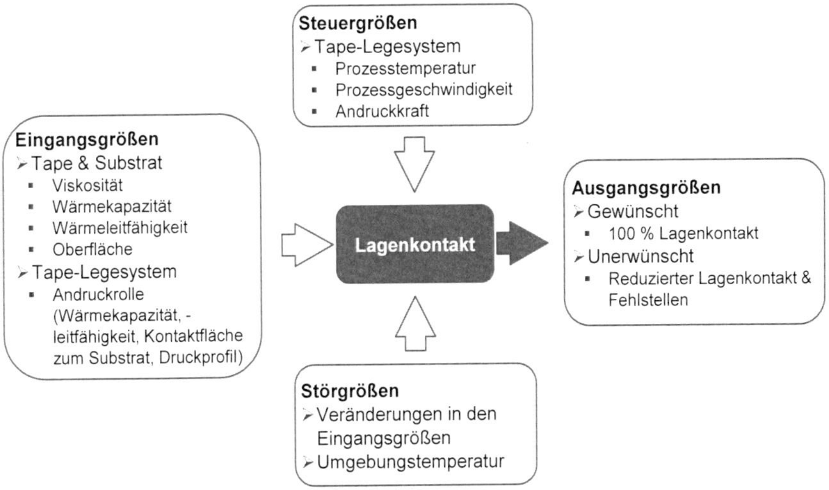

Bild 4.31: Subsystem Lagenkontakt

Sub system contact layer development

Autohäsionsphase

Bei einer Autohäsion erfolgt die Interdiffusion zwischen zwei Grenzflächen eines Polymers. Dies bedeutet, dass von Makromolekülen interlaminare Bindungskräfte aufgebaut werden. Die Autohäsion beginnt beim Tape-Legen mit dem erstmaligen Kontakt von Tape und Substrat im Nip-Point und bestimmt neben der Aufheiz- und

Lagenkontaktdauer die maximale Verarbeitungsgeschwindigkeit von Tapes bei einer in-situ Konsolidierung, siehe Bild 4.32.

Für eine Interdiffusion ist eine relativ hohe Beweglichkeit der Polymerketten notwendig, zum Beispiel durch Temperaturen über der Glasübergangstemperatur. DE GENNES beschreibt mit dem Reptationsmodell diesen Vorgang [GENN71]. Die Molekülketten können sich demnach in virtuellen Röhren auf linienförmigen Pfaden bewegen. Die Reptationszeit t_R ist dabei die notwendige Zeit um die ursprüngliche Röhre zu verlassen und aus dieser heraus zu diffundieren. Bei hohen Molekülmassen müssen aber nicht alle Molekülketten die ursprünglichen virtuellen Röhren verlassen, um eine maximale Verbindungsfestigkeit zu erzielen. Diese Verbindungsfestigkeit, auch Autohäsion oder Ausheilung (eng. Healing) genannt, wird bereits in einer kürzeren Zeitspanne erreicht, der sogenannten Schweißzeit t_W. [GROU12; YANG03]

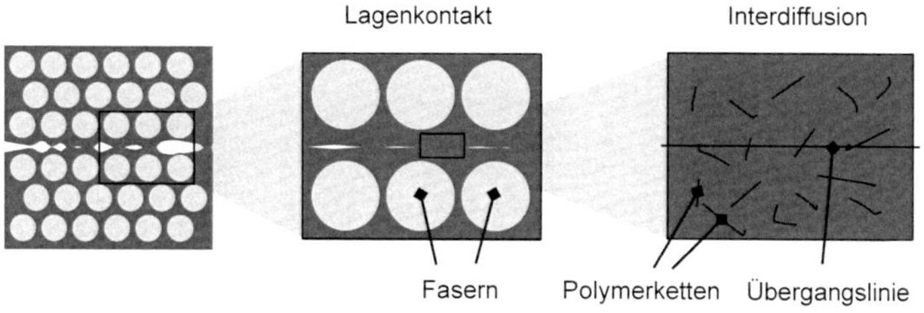

Bild 4.32: Interlaminares Fügen thermoplastischer Verbundwerkstoffe durch Lagenkontakt und Interdiffusion [GROU12]

Interlaminar bonding of thermoplastic composites by intimate contact and interdiffusion of polymer chains

Der Autohäsionsgrad $D_h(t)$ nach der Zeit t ist als Anteil der maximal erreichbaren Verbindungsfestigkeit definiert, mit S(t) als Verbindungsfestigkeit zum Zeitpunkt t und der endgültigen Festigkeit S_∞ [GROU12].

$$D_h(t) = \frac{S(t)}{S_\infty} = \left[\int_0^t \frac{1}{t_w(T(t))} dt\right]^{1/4} \tag{4.25}$$

Die Beweglichkeit der Molekülketten korreliert positiv mit der Temperatur, wodurch das Verschweißen üblicherweise bei Schmelztemperatur durchgeführt wird. Diese Abhängigkeit wird mit dem Arrhenius Gleichung beschrieben, jedoch lässt sich die Schweißzeit aufgrund ihrer kurzen Dauer kaum bestimmen [BAST91; GROU12; YANG01; YANG02]. Nach GEDDE kann alternativ ebenso die terminale Relaxationszeit verwendet werden, welche über rheologische Experimente ermittelt wird [GROU12; GEDD99]. Die benötigte Zeitdauer bis zur vollständigen Autohäsion beträgt demnach sowohl für technische Kunststoffe (PA12) als auch Hochleistungskunststoffe (PPS) bei üblicher Prozesstemperatur maximal 10 ms [GROU12; KERM15].

Zusammenfassend ist für die Autohäsion der Lagenkontakt zwingende Voraussetzung und entsprechende Eingangsgröße. Das Matrixmaterial definiert die Dauer der Phase. Über die Prozessgeschwindigkeit und -temperatur kann der Autohäsionsphase gesteuert und geregelt werden, siehe auch Bild 4.33.

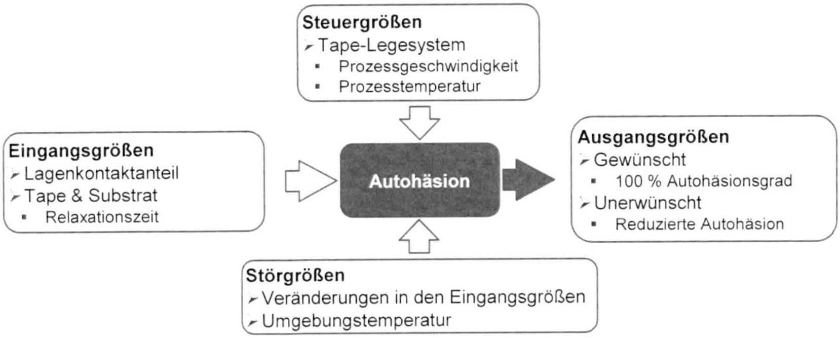

Bild 4.33. Subsystem Autohäsion

Sub system autohesion

Aggregierter Tape-Legeprozess

Nachdem die einzelnen Phasen detailliert beschrieben wurden, können diese nun zu dem Gesamtsystem des Tape-Legens aggregiert werden. Der Fokus liegt hierbei auf den Wechselwirkungen zwischen den einzelnen Phasen der Identifikation prozessbestimmender Größen. Bei der Zusammenfassung sind die Wechselwirkungen zwischen den einzelnen Phasen zu beachten.

Die Prozesse des Aufheizens, Ablegen & Lagenkontakt herstellen und Autohäsion des Polymers werden für eine Verschweißung sukzessive und aufeinander aufbauend durchlaufen. Das Aufheizen von Tape und Substrat ist für die Erzielung des Lagenkontakts und der Autohäsion essentiell und die Autohäsion kann nicht ohne Lagenkontakt erfolgen. Darüber hinaus sind Überlappungen in den Prozessschritten möglich sind. Beispielsweise startet die Autohäsion bereits nach Ausbildung des ersten Lagenkontakts.

Die finale Verbindungsgüte der Verschweißung von Tape und Substrat setzt sich sowohl aus dem Grad des Lagenkontakts und dem Autohäsionsgrad zusammen. Eine unvollständige Verschweißung führt zu Fehlstellen im Laminat [SONM97; GRUB12]. Diese wirken als Ursprünge einer Rissbildung und -fortschreitung und verringern die Laminatfestigkeit und sind folglich zu vermeiden [SONM97; KERM15].

Zur Bestimmung der maximalen Prozessgeschwindigkeit sind die notwendigen Zeiten der einzelnen Prozessschritte (Sub-Systeme) zu ermitteln. Beim direkten Vergleich der Prozessdauern für Lagenkontakt und Autohäsion zeigt sich, dass die Ausbildung des Lagenkontakts weitaus länger benötigt als die Autohäsion. Beispielsweise hat GROUVE dies für PPS gezeigt, siehe Bild 4.34. [GROU12].

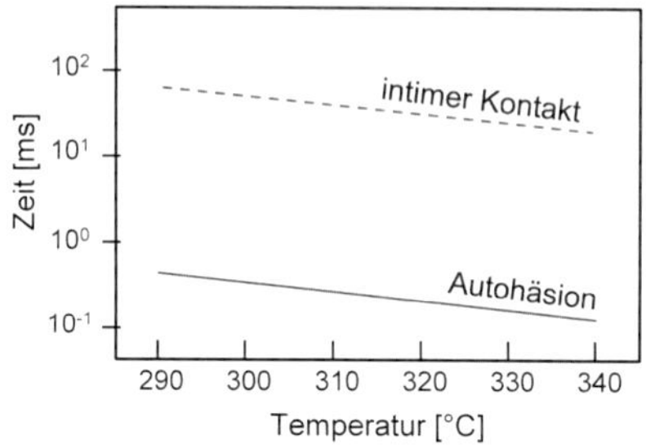

Bild 4.34: Temperaturabhängige Lagenkontaktzeit und Autohäsionszeit von PPS [GROU12]

Temperature dependent time required for intimate contact and healing

Durch die parallele Abfolge beider Prozesse definiert die Lagenkontaktdauer dementsprechend die benötigte minimale Schweißdauer. Auch GRUBER ermittelt, dass die Zeitdauer für die Erzeugung eines vollständigen direkten Kontaktes bei einem Tape-Legeprozess 99 % der Schweißdauer beträgt [GRUB12]. Die maximale Ablagegeschwindigkeit eines Tapes und der dabei erzielbare Konsolidierungsgrad wird somit durch die Ausbildung des direkten Kontaktes beschränkt [SONM97, S. 557; GROU12, S. 82]. Der Aufheizprozess wurde in bisherigen Arbeiten nicht zur Bestimmung der maximalen Ablagegeschwindigkeit herangezogen. Die hier durchgeführten Untersuchungen deuten dennoch darauf hin, dass der Aufheizprozess ebenso die maximale Ablagegeschwindigkeit definieren kann.

Mit dem Ishikawa-Diagramm werden die Einflussgrößen und deren Wirkung anschaulich in dargestellt. Wie bereits grundsätzlich gezeigt wurde, sind die Eigenschaften von Bauteilen aus Tapes sowohl von dem Halbzeug, dem Prozess als auch den Wechselwirkungen abhängig.

Die Systembeschreibung in diesem Kapitel macht den großen Einfluss des Tapes auf die Laminatqualität deutlich. Es wurde aufgezeigt, dass das Tape sowohl den Aufheizprozess (über das Absorptions- und Reflexionsverhalten) auch die Ablage und Ausbildung des Lagenkontakts signifikant beeinflusst. Änderungen in der Oberfläche oder Breite während der Verarbeitung, zum Beispiel durch schwankende Tape-Qualität, können zu Defekten im Laminat führen. Mit einer Überwachung des neu zugeführten Tapes ist eine adaptive Prozessführung möglich, welche den Einfluss schwankender Qualität im Halbzeug minimiert und zu einer höheren Robustheit im Prozess führt. Entsprechend ist das Ziel der kontinuierlichen Tape-Überwachung die Kontrolle von:

- Tape-Breite
- Tape-Dicke
- Tape-Oberfläche (Welligkeit & Rauigkeit)

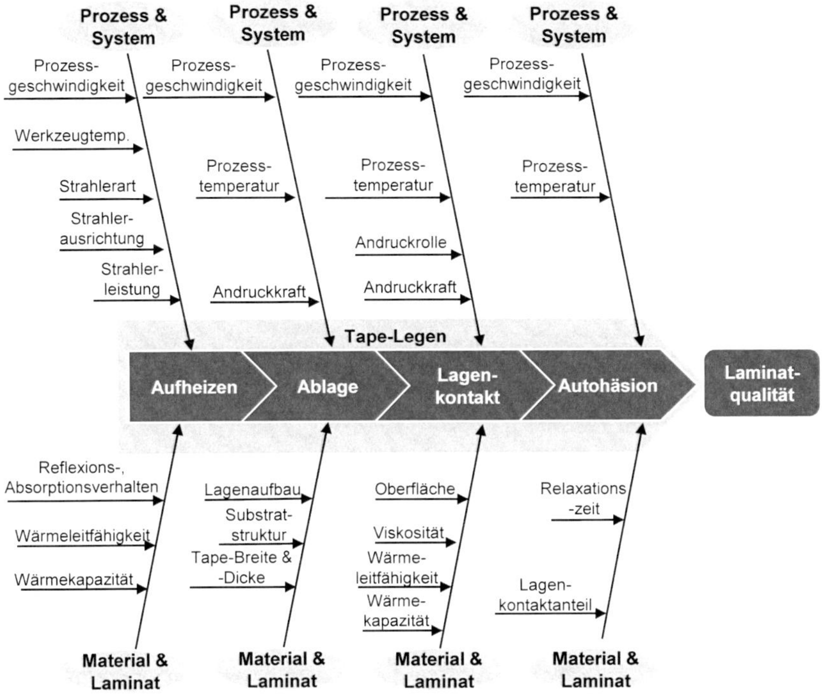

Bild 4.35: Einfluss-Wirkungs-Diagramm der qualitativen Eigenschaften

Effect cause diagram of qualitative properties

4.3.2 Konzeptentwicklung der Online Tape-Überwachung

Concept development of online tape monitoring

In dem vorangegangenen Abschnitt wurde der Handlungsrahmen für die Entwicklung einer kontinuierlichen Tape-Überwachung aufgezeigt und die Ansätze für eine verbesserte Qualität beim in-situ Tape-Legen entwickelt. Basierend hierauf, wird in diesem Kapitel ein Konzept zur Umsetzung der Tape-Überwachung entwickelt. Zunächst wird dazu ein Vorgehen zur Integration der Messtechnik in ein bestehendes Tape-Legesystem erarbeitet und ausdetailliert.

Das Vorgehen zur Entwicklung der Messtechnik ist mehrstufig. Im Stand der Technik und mit der Identifizierung prozessrelevanter Einflussgrößen wurde mit den variierenden Tape-Eigenschaften und einer Nichtberücksichtigung dieser im Tape-Legeprozess eine Ursache für Defekte in in-situ Tape-gelegten Bauteilen definiert. Durch die Integration einer fertigungsintegrierten Messtechnik sollen die Tape-Eigenschaften erfasst und berücksichtigt werden. Zur Findung einer allgemeinen Lösung werden in einem ersten Schritt die grundsätzlichen Anforderungen an die Fertigungsmesstechnik ermittelt. Darauf aufbauend wird eine allgemeine, konzeptionelle Lösung zur Messtechnikintegration und Messstrategie entwickelt, siehe Bild 4.36.

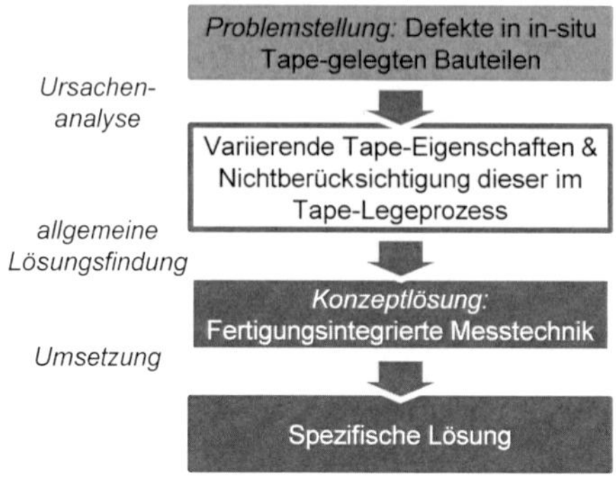

Bild 4.36: Vorgehen zur Entwicklung des Messsystems

Approach for development of measurement system

Für die Umsetzung der Konzeptlösung werden detaillierte Anforderung an das Messsystem ausgearbeitet. Auf Basis der spezifischen Anforderungen werden potentielle Messsysteme verglichen, auf eine grundsätzliche Tauglichkeit geprüft und abschließend ein Messsystem ausgewählt. Dieses Messsystem wird dann durch einen geeigneten Aufbau in ein Tape-Legesystem integriert.

Allgemeine Anforderungen an das Messsystem

In der Produktionstechnik sind die Ressourceneffizienz, die Beherrschung neuer Prozesstechnologien und die flexible als auch transparente Produktion aktuelle Trendthemen. Dies bedeutet für die Fertigungsmesstechnik Schnelligkeit, Flexibilität, Sicherheit und Genauigkeit [IMKA12]. Im Kontext einer wirtschaftlichen Fertigung sind auch die Kosten zu betrachten [WITT15]. Dementsprechend sind Schnelligkeit, Genauigkeit, Sicherheit, Flexibilität und Kosten die fünf allgemeinen Anforderungskriterien an die zu integrierende Messtechnik sind Schnelligkeit, Genauigkeit, Sicherheit, Flexibilität und Kosten

Unter Schnelligkeit wird die Gewinnung an Informationen über die Produktqualität in kürzester Zeit verstanden. Bei entsprechend hoher Schnelligkeit können die Messergebnisse in der Produktion zur Realisierung von Regelkreisen genutzt werden [IMKA12]. Zur Ermittlung der Schnelligkeit eines Messprinzips wird daher nicht nur die Messdauer betrachtet, sondern die Gesamtzeit inklusive Datenverarbeitung und Prozesseingriff.

Die Genauigkeit wird über die Messunsicherheit bestimmt. Ziel ist die Reduzierung der Messabweichung und der Messunsicherheit, wobei grundsätzlich der Vergleich mit dem *status quo* zu betrachten ist.

Für die Sicherheit werden der Nachweis der Messunsicherheit und ihre Berücksichtigung bei der Konformitätsbewertung immer wichtiger [IMKA12]. Mit der immer häufigeren Forderung nach einer lückenlosen Dokumentation an die Produktherstellung und -herkunft im Rahmen von Konformitätserklärungen, ist ein verstärkter Einsatz von Messtechnik notwendig. Wie z. B. in den Branchen Luftfahrt, Medizintechnik oder im

Lebensmittelsektor üblich, sind die Material- und Prozessdaten Teil des Produkts. Demnach wird zusätzlich zu der Messprozessfähigkeit die Datenaufarbeitung und -archivierung als Bewertungsfaktor für die Sicherheit betrachtet [WITT15].

Durch die Flexibilität wird ein breites Anwendungsspektrum, insbesondere auch für kleine Produktionsvolumen, sichergestellt. Mit der Anpassungsfähigkeit an unterschiedliche Materialien, aber auch Produktionsumgebungen, beispielsweise alternative Tape-Legesysteme, ist eine effiziente Nutzung der Technologie möglich.

In einer gesamtheitlichen Betrachtung der Messtechnik ist auch die Wirtschaftlichkeit zu betrachten. Die Wirtschaftlichkeit setzt sich aus den Anschaffungskosten, der Anwendungshäufigkeit und den potentiellen Kostenreduktionen zusammen. Aktuell eingesetzte Vorgehen zur Qualitätssicherung sind zum einen sehr zeitintensiv und finden meist erst nach Ablage statt, wie in Kapitel 2.5.2 beschrieben. Mit weniger Defektarten und weniger Defekten, ist eine Reduktion der Prüfdauern zu erwarten. Durch den hiermit erzielten gesteigerten Durchsatz des Produktionssystems ergibt sich eine Kostenreduktion.

Konzeptionelle Entwicklung des Messsystems

Dieser Abschnitt hat zum Ziel, eine konzeptionelle Lösung zur Integration des Messsystems in ein Tape-Legesystem zu entwickeln. Hierzu werden die allgemeinen Anforderungen an ein Messsystem auf die Charakteristiken des Tape-Legeprozesses angewendet.

Wie bereits im Stand der Technik erläutert existieren verschiedene Ausprägungen zur Integration von Fertigungsmesstechnik in den Produktionsprozess, von fertigungsfern bis zur In-Prozess-Integration. Die In-Prozess-Integration wird zeitgleich zur eigentlichen Fertigung durchgeführt. Die Messung findet kontinuierlich statt und die Daten können für eine Regelung des jeweiligen Prozessschritts genutzt werden [WITT15]. Der Ansatz aus der Literatur wird durch die Eigenschaften eines generativen Fertigungsprozesses auf das Tape-Legen angepasst, indem das zugeführte Material überwacht wird wie auf Bild 4.37 zu sehen ist. Die Messdaten lassen sich direkt mitschreiben und mit den weiteren Prozessdaten archivieren. Korrelationen zwischen Mess- und Fertigungsdaten sind dadurch einfach nachzuvollziehen. Nachteilig sind die Flexibilität und die initialen Aufwände. Das Messmittel muss in das Produktionssystem integriert werden und ein Systemwechsel bei gleicher Messtechnik ist mit Umbaumaßnahmen verbunden. Ebenso ist durch die Einflüsse des Fertigungsprozesses von einer höheren Messunsicherheit im Vergleich zu fertigungsfernen Verfahren auszugehen.

Im direkten Vergleich der Konzepte werden mit der In-Prozess-Messtechnik die allgemeinen Anforderungen an das Messsystem am besten erfüllt. Mit der In-Prozess-Messtechnikintegration ist grundsätzlich die höchste Geschwindigkeit erzielbar. Bezüglich der Genauigkeiten sind im Vergleich zu fertigungsfernen Ansätzen Einschränkungen gegeben. Es ist jedoch zu erwarten, dass trotz der geringeren Genauigkeiten eine ausreichende Differenzierung in den essentiellen Tape-Eigenschaften möglich ist. Die Sicherheits-spezifischen Anforderungen werden mit einer In-Prozess-

Messtechnikintegration erfüllt. Insbesondere die kontinuierliche Datenerfassung und -archivierung sind diesbezüglich hervorzuheben. Durch die Entwicklung eines Messsystems, welches in verschiedene Tape-Legesysteme integriert werden kann, ist ein flexibler Einsatz sichergestellt. Die Kosten werden in der Auswahl der spezifischen Messtechnologie berücksichtigt.

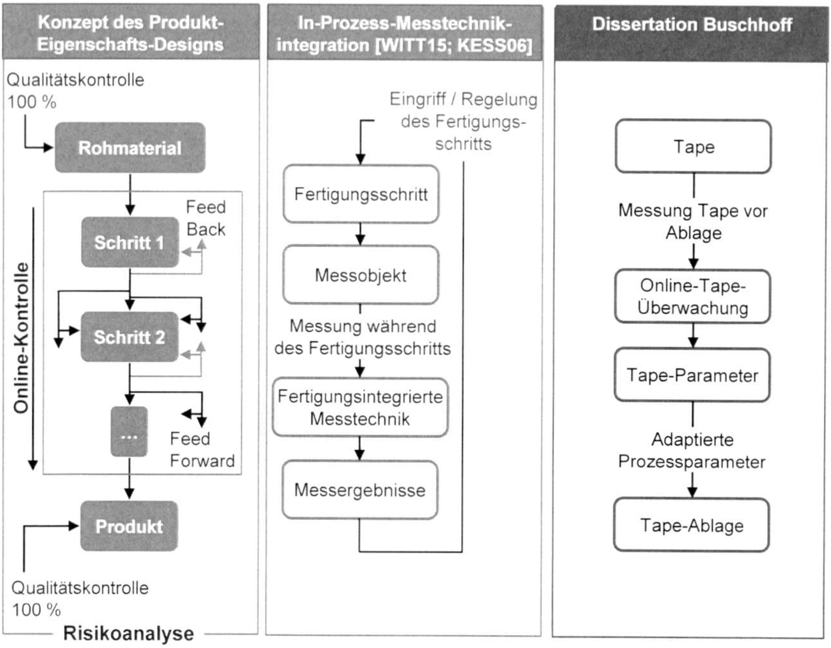

Bild 4.37: In-Prozess-Messtechnikintegration [WITT15; KESS06]

Integration of in process measurement technology

Anforderungen an das Messsystems

Auf Basis des konzeptionellen Messsystems werden hier die detaillierten Anforderungen an die In-Prozess-Messtechnik definiert. Hierzu sind Kriterien und Anforderungen an die Überwachung von Tapes in einem Tape-Legesystem zu entwickeln. In Verbindung mit der Toleranz der Messgröße stellt die Messunsicherheit das wichtigste Kriterium dar [SCHM10a]. Weitere wichtige Kriterien sind metrologische Merkmale wie Messbereich, Auflösung oder Grenzwerte. Für die Auswahl eines konkreten Systems gilt es des Weiteren noch zusätzliche spezifischere Kriterien wie Baugröße und Schnittstellen zu berücksichtigen [KOTT03].

Um die Anforderungen zu ermitteln, sind für die jeweiligen Kriterien im Folgenden spezifische Werte zu definieren. Diesbezüglich ist zwischen der Vermessung von Oberflächen und von Geometrien zu unterscheiden. Ebenso ist zur kontinuierlichen Erfassung des Tapes mindestens eine zweidimensionale Erfassung des Tapes erforderlich. Die

Richtung in Tape-Dicke wird folgend als vertikal und entlang der Tape-Breite als lateral beschrieben, siehe auch Bild 4.38. Die Kernanforderungen beziehen sich auf den Messbereich, Auflösung, Geschwindigkeit und Messunsicherheit.

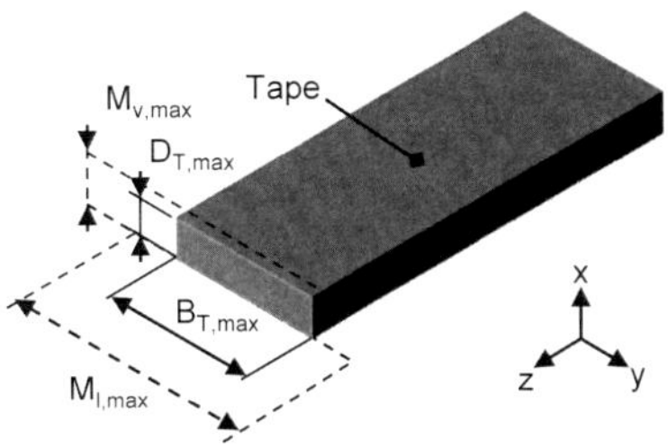

Legende	
$B_{T,max}$	maximale Tape-Breite
$D_{T,max}$	maximale Tape-Dicke
$M_{l,max}$	maximaler lateraler Messbereich
$M_{v,max}$	maximaler vertikaler Messbereich

Bild 4.38: Erforderliche Messbereiche

Essential measuring range

Der Messbereich lässt sich über den Spezifikationsbereich des jeweiligen Tape-Legesystems bestimmen. Für den lateralen Messbereich ist die Tape-Breite ausschlaggebend. Mit den verfügbaren Systemen werden überwiegend Tapes mit Breiten von 6 bis 25 mm verarbeitet. Die maximale Tape-Breite $B_{T,max}$ ist damit Basis des maximalen lateralen Messbereichs. Potentielle Breitenschwankungen und Positionierungsfehler, z.B. ein nicht zentrisch geführtes Tape, werden über einen zusätzlichen Faktor $k_{M,l}$ berücksichtigt. Äquivalent wird der vertikale Messbereich über die Tape-Dicke bestimmt. Hier beträgt die übliche Tape-Dicke 0,15 bis 0,25 mm. Es sind aber auch mit 0,4 mm noch dickere Tapes erhältlich, welche folglich die maximale Tape-Dicke $H_{T,max}$ bestimmen. Zur Berücksichtigung von Dickenschwankungen wird ebenfalls ein weiterer Faktor $k_{M,v}$ genutzt. Der maximale laterale Messbereich

$$M_{l,max} = k_{M,l} * B_{T,max} \tag{4.26}$$

sowie der maximale vertikale Messbereich erfüllen diese Anforderungen.

$$M_{v,max} = k_{M,v} * D_{T,max} \tag{4.27}$$

Die Toleranzen für das Messsystem sind jeweils für die Tape-Breite und Tape-Dicke spezifisch zu bestimmen. Die Differenz der Spezifikationsgrenzen ergibt die Toleranz und ist somit

$$T_i = OSG_i - USG_i \tag{4.28}$$

Zur Bestimmung der geforderten Messunsicherheit wird die *Goldene Regel der Messtechnik* angewendet. Diese besagt, dass die Messunsicherheit um das Zehnfache kleiner sein sollte, bzw. mindestens das Fünffache kleiner, als die zu überprüfende Toleranz [BERN86]. Zur Verifizierung der Eignung wird eine Messsystemanalyse im Anschluss durchgeführt. Folglich beträgt die maximale Messunsicherheit

$$U_{i,max} = T_i * 0{,}2 \tag{4.29}$$

Für die minimale Auflösung des Messsystems gilt nach VDA Band 5 ein minimales Verhältnis zur Toleranz von 20 zu 1 wodurch sich Folgendes ergibt [DIET15]:

$$A_{l,min} = T_l * 0{,}05 \quad (4.30)$$

Aufgrund des Einsatzes in einer Produktionsumgebung ist auf einen robusten Aufbau zu achten. Temperaturschwankungen, Verschmutzungen insbesondere Kohlenstofffasern, Streulicht und weitere mögliche Störeinflüsse sollten die Funktionsfähigkeit des Messsystems nicht beeinflussen. Die Anforderungen an ein Messsystem sind in Tabelle 4.5 zusammengefasst.

Tabelle 4.5: Anforderungen an das Messsystem
Requirements for metrology system

Anforderung	Abk.	Wert
Obere Spezifikationsgrenze (lateral)	OSG_l	0,3 mm
Untere Spezifikationsgrenze (lateral)	USG_l	-0,3 mm
Obere Spezifikationsgrenze (vertikal)	OSG_v	0,022 mm
Untere Spezifikationsgrenze (vertikal)	USG_v	-0,022 mm
Maximale Tape-Dicke	$D_{T,max}$	0,4 mm
Maximale Tape-Breite	$B_{T,max}$	25 mm
Faktor lateraler Messbereich	$k_{M,l}$	2,5
Faktor vertikaler Messbereich	$k_{M,v}$	2
Schutzart		IP 65

Anforderung	Abk.	Wert
Max. lateraler Messbereich	$M_{l,max}$	50 mm
Max. vertikaler Messbereich	$M_{v,max}$	1,0 mm
Toleranz (lateral)	T_l	0,6 mm
Toleranz (vertikal)	T_v	0,044 mm
Max. Messunsicherheit (lateral)	$U_{v,max}$	0,15 mm
Max. Messunsicherheit (vertikal)	$U_{v,min}$	0,0088 mm
Min. Messfrequenz	$f_{M,L,min}$	300 Hz
Min. Auflösung (lateral)	$A_{l,min}$	0,03 mm
Min. Auflösung (vertikal)	$A_{v,min}$	0,0022 mm

Evaluierung der Messverfahren

Das Messverfahren ist elementarer Teil des Messsystems und definiert die Art und Weise wie die Messdaten erfasst werden. Innerhalb diesem Abschnitt wird das Messverfahren ausgewählt, welche die oben definierten Anforderungen erfüllt. Für die Auswahl des Messverfahrens werden taktile und optische Messverfahren berücksichtigt.

Insbesondere bei Rauheitsmessungen sind aufgrund der kleinen Strukturgrößen hohe Auflösungen erforderlich, sodass bei taktilen Tastschnittgeräten meist eine äußerst harte Diamantspitze verwendet wird. Folglich eignen sich taktile Messverfahren im Allgemeinen lediglich für die Vermessung harter Oberflächen, da weichere Oberflächen durch die Tastspitze selbst beschädigt und die Messung verfälscht werden kann. Weiterhin sind taktile Messverfahren aufgrund ihrer geringen Geschwindigkeit für den fertigungsnahen Bereich nicht praktikabel einsetzbar. So beträgt die Messdauer für eine 2x2 mm große Fläche mit 1 µm Messpunktabstand 8 Stunden. [BRAB15; WIEH11]

Optische Messverfahren schädigen im Gegensatz zu den taktilen Messverfahren die Werkstoffoberfläche nicht. Sie sind insbesondere bei Kunststoffen die bevorzugte Messmethode. Weitere Vorteile ergeben sich aus wesentlich höheren

Messgeschwindigkeiten. Nachteilig sind jedoch Messeinflüsse aufgrund optischer Eigenschaften und die dadurch hervorgerufenen Effekte der Oberfläche, wie z.B. das Reflexionsverhalten [WIEH11]. Bei der Verwendung berührungsloser Messverfahren ist dementsprechend das materialspezifische Verhalten zu berücksichtigen und zu validieren. Für die Vermessung von Tapes existieren zwei potentielle Methoden, die auf optische Verfahren beruhen. Dies ist zum einen die Lasertriangulation und zum anderen die Weißlichtinterferometrie [SCHL18; WITT15].

Das Prinzip der Lasertriangulation ist in Bild 4.39 schematisch dargestellt. Es wird eine Laserlinie vertikal auf ein zu vermessendes Objekt projiziert. Dabei werden Anteile der Strahlung durch die Objektoberfläche reflektiert und treffen auf einen schräg angeordneten Fotosensor. Aus der Einfallposition der reflektierten Laserstrahlung auf den Fotosensor kann die Position der Oberfläche relativ zu dem Triangulationssystem bestimmt werden. Somit wird neben der Abstandsinformation (Z-Achse) auch die exakte Position eines jeden Punktes auf der Laserlinie (X-Achse) erfasst und vom System ausgegeben. Durch Lasertriangulation kann das Profil eines Tapes ermittelt und über eine Auswertung mittels einer Doppelsigmoidfunktion Rückschlüsse auf die Tape-Dimensionen und -Oberfläche gezogen werden. [MERS13; SCHM10b]

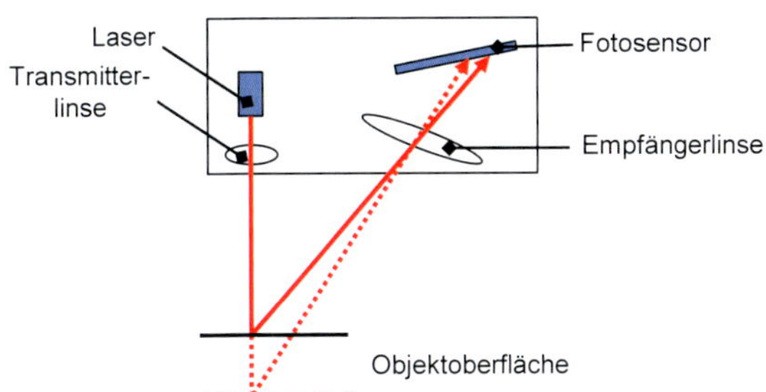

Bild 4.39: Funktionsweise der Lasertriangulation [KEYE18]

Functional principle of laser triangulation

Bei der Weißlichtinterferometrie wird weißes Licht durch einen Strahlteiler in zwei Strahlungsanteile unterteilt. Der erste Strahlungsanteil durchläuft eine Referenzstrecke und wird durch einen Spiegel reflektiert. Der zweite Strahlungsteil wird an einem Punkt der Oberfläche eines Messobjektes reflektiert. Durch Überlagerung der beiden Strahlungsanteile entstehen Interferenzen, durch die der Abstand des vermessenen Oberflächenpunktes relativ zum Messsystem bestimmt werden kann [TUIL18]. Die Weißlichtinterferometrie wird zur Vermessung der Spaltbreiten, die während eines Ablegeprozesses zwischen konsolidierten Tapes entstehen können, eingesetzt. Hierbei wird ein für Punktvermessungen ausgelegtes handelsübliches Weißlichtinterferometer um einen mit Spiegeln ausgestatteten Scanner erweitert. Unter Berücksichtigung der Vorschubgeschwindigkeit können somit Tapes vermessen werden. Nachteilig ist, dass der Betrieb ohne bekannte Vorschubgeschwindigkeit aufgrund nötiger Ausgleichsrechnungen nicht möglich ist. [WITT15]

Obwohl die prinzipielle Eignung der Lasertriangulation und Weißlichtinterferometrie für die In-Prozess Integration durch SCHMIDT und WITTE nachgewiesen wurden, sind deutliche Unterschiede in den dokumentierten Eigenschaften ersichtlich, siehe Tabelle 4.6. [SCHM10b; WITT15]

Für beide Messverfahren wird verifiziert, inwieweit die in Tabelle 4.6 formulierten Anforderungen erfüllt werden können. Sowohl die Weißlichtinterferometrie als auch die Lasertriangulation erfüllen nicht alle Anforderungen. Die Messfrequenz und Messbereichsgröße des Weißlichtinterferometrie-Systems sind jedoch deutlich kleiner als bei der Lasertriangulation. Aus diesem Grund können Tapes von 25 mm Breite nicht vermessen werden und hohe Prozessgeschwindigkeiten lassen sich nicht realisieren. Folglich wird die Lasertriangulation als Messverfahren ausgewählt.

Tabelle 4.6: Vergleich der Messverfahren
Comparison of metrology systems

		Anforderung	Weißlichtinterferometrie [WITT15]	Lasertriangulation [MICR17a]
Max. Messbereich (lateral)	[mm]	50	22	50
Messbereich (vertikal)	[mm]	0,05-0,5	0,037-8,2	0,004-50
Max. Messunsicherheit (lateral)	[mm]	0,12	0,00584	0,02*
Max. Messunsicherheit (vertikal)	[mm]	0,0088	systemabhängig	0,002*
Min. Messfrequenz	[Hz]	300	14	300
Min. Auflösung (lateral)	[mm]	0,03	0,025	0,039
Min. Auflösung (vertikal)	[µm]	2,2	<0,001	4
Anschaffungskosten	[EUR]	max. 10.000	25.000	5.000-15.000
*: Wiederholgenauigkeit				

Die Lasertriangulation wird bisher lediglich für die Tape-Breiten- und -Dickenmessung eingesetzt. Im Rahmen dessen wurde die Robustheit eines Lasertriangulationssensors, kurz Lasersensors, gegenüber Verschmutzungen und Streulicht durch SCHMIDT mit dem Einsatz unter Produktionsbedingungen nachgewiesen [SCHM10b]. Die kombinierte Tape-Breiten und -Dickenmessung wurde lediglich beim Umspulen und nicht direkt bei der Verarbeitung durchgeführt [GUIL19]. Obwohl durch die Erfüllung der gestellten Anforderung an die Auflösung theoretisch ebenfalls eine Vermessung und Auswertung von Tape-Oberflächen möglich ist, existieren hierzu bisher keinerlei Untersuchungen.

Um eine erste Einschätzung der Tauglichkeit für die Vermessung der Oberflächen von Tapes zu ermöglichen, werden die ermittelten Oberflächenprofile von unterschiedlichen Tapes verglichen. Hierbei wird erwartet, dass die Profile der beiden Tapes unterscheidbar sind. Zwei unterschiedliche PA12-CF-Tapes werden durch einen Lasersensor der Baureihe Micro Epsilon 2900-50 vermessen, siehe Bild 4.40. Der Vergleich der ermittelten Profile zeigt, dass bei der Vermessung durch einen Lasersensor für das Tape #2 eine deutlich höhere Oberflächenwelligkeit ermittelt wird. Die Oberflächenwelligkeit wird in den Abbildungen dabei durch den gleitenden Durchschnitt veranschaulicht. Die Untersuchung zeigt, dass eine Vermessung der Tape-Oberfläche durch einen Lasersensor grundsätzlich möglich ist.

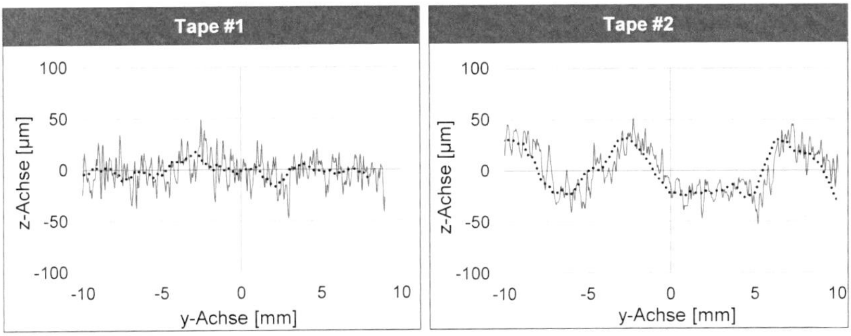

Oberflächenprofil ········ Gleitender Durchschnitt (über 30 Messpunkte)

Bild 4.40: Vergleich des Oberflächen-Primärprofils und gleitenden Mittelwerts über Tape-Breite zweier unterschiedlicher PA12-CF-Tapes

Comparison of primary surface profile and moving average of two different tapes

4.3.3 Fazit zum Ansatz der Online Tape-Überwachung

Summary for approach for continuous conditioning

In diesem Kapitel wurden die Einflussgrößen auf den in-situ Tape-Legeprozess thermoplastischer Halbzeuge mit photonischer Energiequelle theoretisch betrachtet und experimentell validiert. Das Tape, mitsamt Breite, Dicke und Oberfläche und das Absorptions- & Reflexionsverhalten wurden dabei als prozessbestimmende Eingangsgrößen identifiziert und nach bestehenden Modellen beschrieben. Für die Verarbeitung von Tapes sind weiterhin die Steuergrößen der Prozessgeschwindigkeit, Andruckkraft und Heizleistungen zur Erreichung der Prozesstemperatur relevant. Auf Basis dieser Parameter und grundlegenden Ansprüche an Messsysteme wurden die Anforderungen an das Messsystem formuliert.

Ausgehend von den Anforderungen wurde eine Evaluation von taktilen und optischen Messtechnologien durchgeführt. Die optischen Technologien wurden einer anhand eines quantitativen Anforderungskatalogs evaluiert. Die Lasertriangulation stellte sich dabei vor allem aufgrund der höheren Messfrequenz und den geringeren Anschaffungskosten als erfolgsversprechend heraus. Eine erste Machbarkeitsanalyse hat die Vermessung von Tape-Oberflächen bestätigt.

5 Tape-Twist Konditioniermodul

Tape-Twist conditioning module

Zur Validierung der kontinuierlichen Konditionierung zur Ablage von Tapes auf lateralen Kurvenbahnen mit dem „Tape-Twist"-Ansatzes wird eine prototypische Systemtechnik entwickelt. Hierbei ist im Besonderen die Integration des Tape-Twist-Moduls in ein bestehendes Tape-Legesystem zu beachten. Das Vorgehen zur Entwicklung orientiert sich grundsätzlich an der VDI 2221, siehe Bild 5.1.

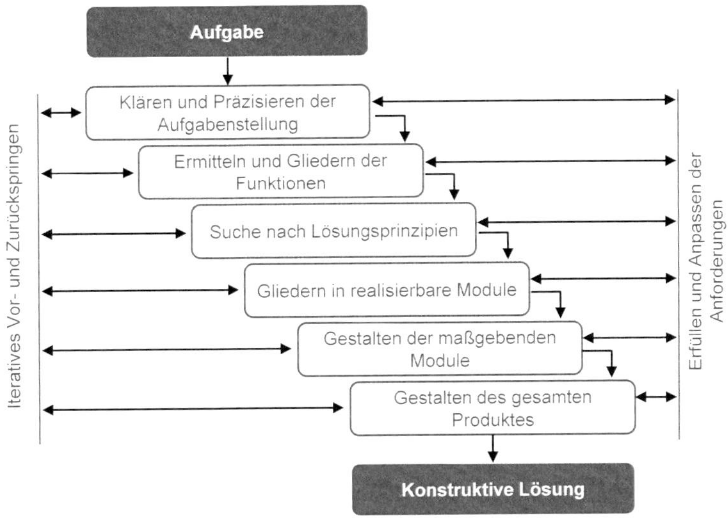

Bild 5.1: Vorgehen zum Entwickeln und Konstruieren nach der VDI 2221

Procedure for development and design according VDI 2221

Ausgehend von der zu bearbeitenden Aufgabe werden die Anforderungen festgelegt. Darauf basierend werden Funktionen festgelegt, für welche prinzipielle Lösungen entwickelt werden. In einem Folgeschritt werden die Prinziplösungen in modulare Strukturen gruppiert und ausgestaltet. Mit der finalen Zusammenführung der einzelnen Module wird das Gesamtprodukt erzeugt. Die Schritte der Suche nach Lösungsprinzipien, Gliederung und Gestaltung der Module sowie die Gestaltung des Gesamtprodukts werden in dieser Arbeit zusammengefasst.

5.1 Aufgabenstellung und Anforderungen

Definition of task and requirements

Die Aufgabe des zu entwickelnden Moduls ist die Einbringung lateraler Kurven in das Tape auf Basis des Tape-Twist-Modells. In einer praxisnahen Umgebung ist die Funktionsfähigkeit sicherzustellen und eine Integration in ein bestehendes Tape-Legesystem zu gewährleisten.

Die Anforderungen setzen sich demnach aus dem Tape-Twist-Modell und den Umgebungsbedingungen zusammen. Die Anforderungen aus den Umgebungsbedingungen ergeben sich maßgeblich aus dem Tape-Legesystem, in welches das Modul integriert werden soll. Entsprechend wird das ausgewählte Tape-Legesystem beschrieben und analysiert.

5.1.1 Tape-Legesystem

Tape placement system

Im Stand der Technik wurden bereits unterschiedliche Tape-Legesysteme mitsamt ihren Eigenschaften erläutert. Für das Tape-Twist-Modul wird ein neuartiges Infrarot-basiertes Portalsystem genutzt, welches fähig ist, eine in-situ Konsolidierung zu erzielen [JANS17]. Mit dem System können zweidimensionale Laminate auf einem runden und beheizbaren Drehtisch mit 1,2 m Arbeitsfläche im Durchmesser gefertigt werden. Als Konsolidierungseinheit wird ein synchronisiertes Stahlband oder alternativ eine synchronisierte und temperierbare Andruckrolle verwendet (siehe Bild 5.2).

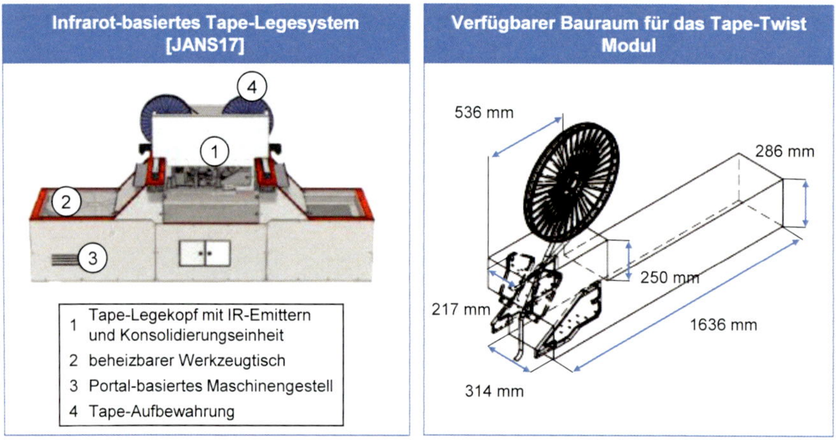

Bild 5.2: Infrarot-basiertes Tape-Legesystem (links), verfügbarer Bauraum für das Tape-Twist Modul (rechts)

Infrared based tape placement system (left), available installation space for the Tape-Twist module (right)

Der Tape-Legekopf besteht aus mehreren Einheiten, welche Material fördern und schneiden, heizen und konsolidieren. Die Heizeinheit, bestehend aus IR-Strahlern, ist in einzeln ansteuerbare Bereiche untergliedert.

Zur Integration des Tape-Twist-Moduls in die bestehende Anlage ist eine möglichst nahe Positionierung an der Andruckrolle anzustreben. Dadurch wird das gescherte Tape nicht über eine lange Strecke geführt und die eingebrachte Wärmeenergie aus der Kurveneinbringung kann für die Verschweißung ebenfalls genutzt werden.

Die Bauraumanalyse ergibt einen möglichen Bauraum direkt an der Konsolidierungseinheit. Dieser wird durch den Drehtisch, dem Querbalken und der Spule, sowie dem

Gestell definiert. Außerdem wird durch den bestehenden Applikator die Breite des Moduls begrenzt. Folglich ergibt sich der in Bild 5.2 abgebildete Bauraum.

Bei Verwendung des Bauraums kann der bisherige Tape-Legekopfes nicht weiter genutzt werden. Elementare Funktionen zur Ablage und Konsolidierung der Tapes sind demnach durch das Tape-Twist-Modul ebenfalls zu übernehmen. Dies ist die Aufheizung von Tape und Substrat sowie die Konsolidierungseinheit.

5.1.2 Anforderungen an das Tape-Twist-Modul

Requirements to Tape-Twist module

Auf Basis der geometrischen Zusammenhänge des Tape-Twist-Models ergeben sich Randbedingungen bezüglich der minimalen Größe des Tape-Twist-Moduls. Die rheologischen Zusammenhänge in Kombination mit dem Matrixmaterial definieren die Prozesstemperaturen, welche zur Verscherung notwendig sind. Das Tape-Legesystem beschränkt die maximale Größe des Moduls, zusätzliche Funktionen und steuerungstechnische Anforderungen. In der folgenden Tabelle werden die einzelnen material-, prozess- und systemseitigen Anforderungen an das Tape-Twist-Modul geordnet und zusammengefasst, siehe Tabelle 5.1.

Tabelle 5.1: Anforderungen an die Systemtechnik des Tape-Twist-Moduls
Requirements for system technology of tape twist module

Kategorie	Merkmal	Quantifizierung
Stoff	UD-Tape	
	Matrixmaterial	PP, PA12, PA6
	Verstärkungsfaser	GF, CF
	Tape-Breite	T_B: 6-30 mm
Energie	Aufheizung auf Prozesstemperatur	T_P: 140-270°C
	Beheizung Tape-führender Elemente	
	Örtlich variable Temperaturführung	
Anlagenmechanik, -geometrie	Auslenkung	h: 0 – 490 mm
	Anstellwinkel	φ: 0° – 45°
	Speicherlänge	L_S: 80 – 120 mm
	Verfahrgeschwindigkeit	$\dot{h}$: 1 – 10000 mm/s
	Abzugsgeschwindigkeit	v: min. 2 mm/s
	Bauraum entsprechend obiger Analyse	
	Tape-Spannung	max. 10 N/mm (Tape-Breite)
	Betrieb als Prüfstand und im Tape-Legesystem	
Elektrik/ Elektronik & Software	Beckhoff-Steuerung	
	Synchronisation von dynamischer Umlenkrolle mit Ablegegeschwindigkeit	
	Integrierbarkeit der Modulsteuerung in Tape-Legesystem	
Sicherheit	Wärme-, Strahlschutz	

Bezüglich der Kategorie Stoff wird mit dem Modul ein Tape kontinuierlich konditioniert, aufgeheizt und mit einem Substrat verschweißt. Zur Aufheizung des Tapes und Substrats wird entsprechend Energie benötigt. Für die Konditionierung sind die Umlenkrollen in definierten Abständen und Orientierungen anzuordnen und die dynamische

Umlenkrollenposition wird je nach Kurvenpunkt und Ablegegeschwindigkeit verändert. Darüber hinaus ist sowohl eine Integration in das Tape-Legesystem sicherzustellen, als auch der autarke Prüfstandsbetrieb. Die Merkmale Elektrik/Elektronik und Software beinhalten eine steuerungstechnische Integrierbarkeit in das Tape-Legesystem sowie die Synchronisation aus Abzugsgeschwindigkeit und Bewegung der dynamischen Umlenkrolle. Die Sicherheit betrifft einen Wärmeschutz und einen Strahlschutz aufgrund der hohen Prozesstemperaturen.

5.2 Gesamtkonzept

Overall concept

Ein Tape-Twist-Modul wird zur Umsetzung des hier entwickelten Ansatzes entwickelt. Dieses Modul erfüllt verschiedene elementare Funktionen, sodass die oben definierten Anforderungen entsprechend umgesetzt werden. Der Ansatz zur Einbringung der Kurve durch ein Scheren bei einer gleichzeitigen Viskositätsreduktion der Matrix erfordert eine erhöhte und konstante Prozesstemperatur. In Voruntersuchungen wurde in einem Prototyp die grundsätzliche Umsetzbarkeit untersucht und elementare Funktionen, z. B. die Temperaturführung, ermittelt [BREC16]. Dementsprechend ist das Tape-Twist-Modul als Durchlaufofen konzipiert mit einer Direktaufheizung durch IR-Strahler. Mittels Strahlung kann das Tape in einem kurzen Zeitraum effizient aufgeheizt werden und IR-Strahler haben sich in ersten Untersuchungen bewährt. In Vorversuchen hat sich darüber hinaus gezeigt, dass eine Isolation des Moduls förderlich ist, um das Tape auf Prozesstemperatur zu halten. Hierdurch kann das Tape homogener aufgeheizt werden und die notwendige Heizleistung wird ebenso reduziert. Alle Führungselemente mit dauerhaftem Tape-Kontakt werden zusätzlich beheizt, um ein Abführen der Wärme aus dem Tape zu vermeiden. Für eine Prozessüberwachung und -regelung werden Temperaturfühler an kritischen Punkten installiert. In Kombination mit mehreren Heizzonen lässt sich dementsprechend das Tape ortsaufgelöst abschnittsweise bestrahlen, siehe Bild 5.3.

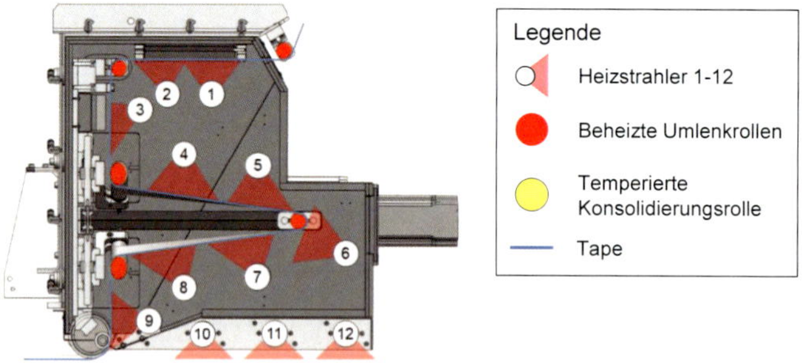

Bild 5.3. Heizelemente des Tape-Twist-Moduls

Heating elements of Tape-Twist module

Die drei Umlenkrollen bilden die Verschereinheit des Tape-Twist-Moduls. Die beiden statischen Rollen sind über eine Gewindespindel in einem Abstand von 80 bis 120 mm verstellbar. Die möglichen Anstellwinkel sind dabei zwischen 0° und 45°. Die dynamische Rolle ist über einen Schlitten mit einer Gewindespindel verbunden, welche wiederum über einen Linearmotor angetrieben wird, siehe Bild 5.4. Alle Umlenkrollen sind Führungselemente und werden folglich mittels Heizpatronen beheizt. Bezüglich der geometrischen Zusammenhänge können die geforderten Anforderungen zur Einbringung von Kurven erfüllt werden.

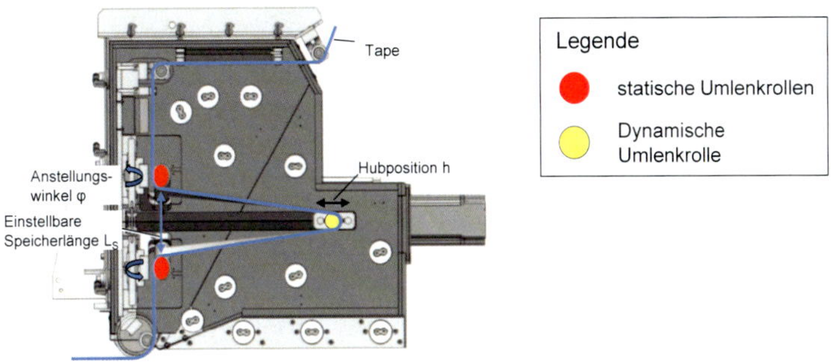

Bild 5.4: Einstellmöglichkeiten der Verschereinheit des Tape-Twist-Moduls

Potential settings of twisting unit of Tape-Twist module

Das Tape-Twist-Modul wird mittels einer speicherprogrammierten Steuerung (SPS) betrieben. Um eine reibungslose Anbindung an das Tape-Legesystem sicherzustellen, wird die gleiche Technologie verwendet. Hierbei handelt es sich um die PC-basierte Steuerungstechnik von Beckhoff. Über die Steuerung werden die Heizleistungen sowie die Bewegung der dynamischen Umlenkrolle vorgegeben. Die erfassten Temperaturen werden ebenfalls an die SPS übertragen.

Im mathematischen Modell liegt eine Unstetigkeitsstelle im Nullpunkt der Bewegung. Aus diesem Grund sind die theoretisch geforderten Beschleunigungen und Geschwindigkeiten im Bereich der Ausgangsposition sehr hoch. Bei der Ansteuerung der dynamischen Umlenkrolle sind diese Werte nicht realisierbar. Daher wird die Maximalgeschwindigkeit unterhalb einer Höhe von 20 mm auf den Wert $\dot{h}_0(20mm)$ begrenzt. In Bild 5.5 ist das Geschwindigkeitsprofil der Bewegung aufgezeigt.

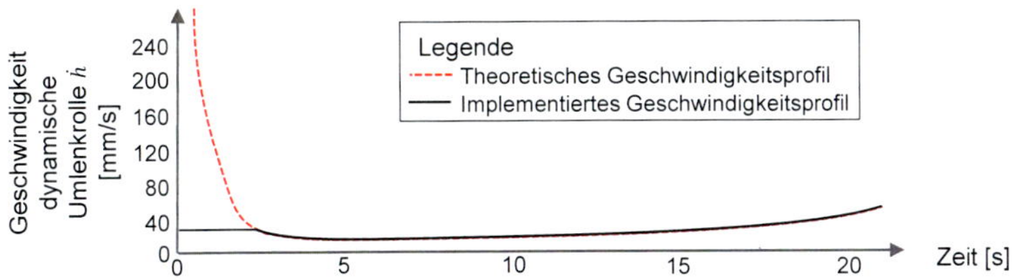

Bild 5.5: Geschwindigkeitsprofil der dynamischen Umlenkrolle im Tape-Twist-Modul

Speed profile of dynamic guiding roller in tape twist module

Das Tape-Twist-Modul ist in einer Art und Weise dimensioniert, dass es sowohl in das Tape-Legesystem integriert werden kann als auch in einem autarken Prüfstand betrieben werden kann. Ein großes Fenster bietet eine gute Zugänglichkeit zur Einstellung, Tape-Einfädelung und Wartung. Ebenso bietet das Fenster eine gute Beobachtbarkeit des Prozesses bei gleichzeitig homogener Temperierung (Bild 5.6).

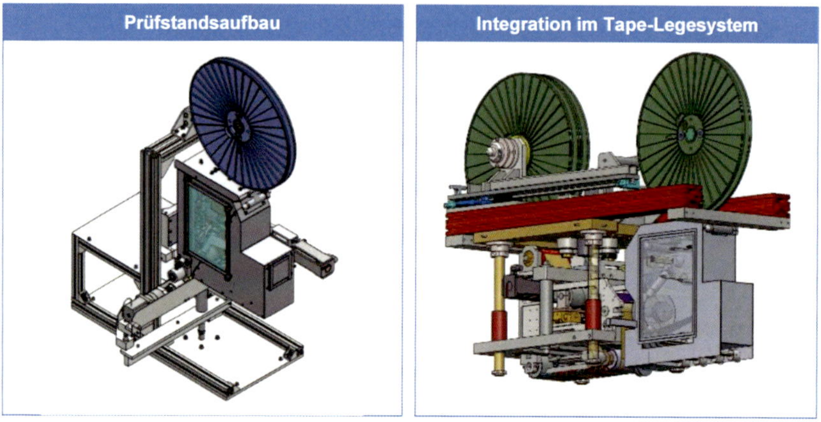

Bild 5.6: Prüfstandsaufbau des Tape-Twist-Moduls

Test rig of Tape-Twist module

Zur Inbetriebnahme des Tape-Twist-Moduls und für allgemeine Prozessuntersuchungen zur Verscherung wurde ein autarker Prüfstandsaufbau konzipiert. Der Prüfstand verfügt über eine Aufnahme des Tape-Twist-Moduls und eine Konsolidierungseinheit, siehe Bild 5.6. Mit der Konsolidierungseinheit lässt sich die Andruckkraft und Abzugsgeschwindigkeit einstellen. Zur Integration in das Tape-Legesystem wird der vorhandene Tape-Legekopf durch das Tape-Twist-Moduls ersetzt. Die vorhandenen Achsen werden weiterhin genutzt und mittels einer parallelen Achsbewegung können kurvige Pfade abgelegt werden. Steuerungstechnisch greift das Tape-Legesystem auf das Tape-Twist-Modul zu.

5.3 Validierung des Tape-Twist-Moduls

Verification of Tape-Twist module

Zur Validierung des Ansatzes wird im Folgenden mit dem entwickelten Prüfstand eine Prozessentwicklung durchgeführt. Die Prozessentwicklung dient der Einstellung eines stabilen Konditionierungsprozesses und umfasst die Temperaturführung und die geometrischen Einstellmöglichkeiten, wie zum Beispiel die Rollenwinkel, Speicherlänge und Achsbewegungen. Zur Validierung wird ein PA12-CF-Tape mit 25 mm Nennbreite verwendet.

Zwecks Untersuchung der Einflussparameter auf die Tape-Temperatur werden Leistungsverteilungen für die Heizzonen ermittelt und im Hinblick auf Homogenität der Ofentemperatur, Tape-Qualität und Winkeltreue untersucht. Erwartet werden

Differenzen der Modul- und Tape-Temperatur nach Zonen und eine Abhängigkeit zwischen Position des Schmelzpunktes und Tape-Maßhaltigkeit. Im zweiten Schritt wird der Einfluss der geometrischen Stellgrößen des mathematischen Modells mithilfe der Methoden aus der statistischen Versuchsplanung untersucht.

5.3.1 Temperaturführung

Temperature control

Für das Verscheren des Tapes ist eine Reduktion der temperaturabhängigen Matrixviskosität, bzw. des Schubmoduls, notwendig. Dementsprechend nimmt die thermische Steuerung des Prozesses Einfluss auf die Qualität der Kurvengeometrie und die Maßhaltigkeit. Ein Temperaturfenster von 180 °C ± 40 °C ist für das hier verwendete PA12 anzustreben [KERM15].

In diesem Abschnitt wird das Prozessfenster auf Heizleistungen und Temperaturen eingegrenzt, mit welchen eine möglichst robuste Prozessführung realisiert werden kann. Die thermische Steuerung umfasst die Heizstrahler und die Heizpatronen in den Umlenkrollen.

Umlenkrollen

In Vorversuchen hat sich gezeigt, dass bei einer niedrigen Heizleistung Faserbrüche und Einschnürungen im Tape entstehen. Die Umlenkrollen entziehen dem Tape Wärme, wodurch dieses wieder erstarrt und ein Scheren der Fasern verhindert. Dementsprechend wird die Maßhaltigkeit der Tapes reduziert. Bei zu hohen Temperaturen der Umlenkrollen kommt es jedoch zu einem Anhaften der Matrix, wodurch Fasern aus dem Tape gezogen werden und sich um die Rolle wickeln. Hieraus resultierende Fehlerbilder sind exemplarisch in Bild 5.7 zu sehen.

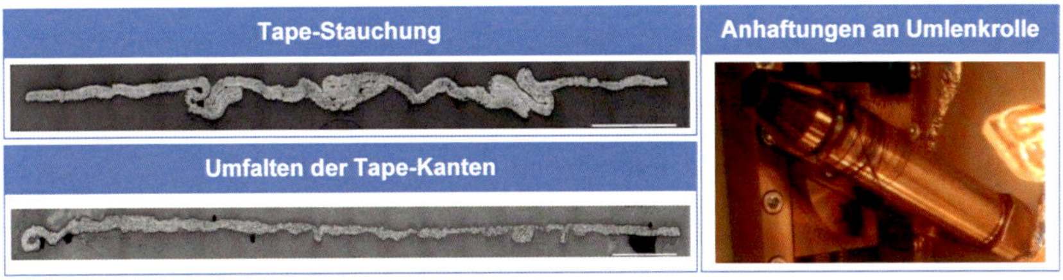

Bild 5.7: Fehlerbilder durch das Verdrillen im Tape-Twist-Modul

Defects during shearing in Tape-Twist module

Durch die Regelung der Rolleninnentemperatur auf 10 - 20 °C unter Schmelztemperatur des Matrixmaterials können Materialanhaftungen und Faseraustritte vermieden werden. Eine Abschattung der Umlenkrollen gegen direkte Bestrahlung durch IR-Strahler reduziert darüber hinaus eine Überhitzung.

Heizstrahler

Die Aufgabe der Heizstrahler ist das Tape mit Beginn der Verscherung aufgeschmolzen zu haben und diesen Zustand während der Verscherung beizubehalten. Der

Zusammenhang zwischen der Strahlungsintensität aus der Heizleistungseinstellungen und den Kennwerten des Tapes wird experimentell untersucht. Die Kennwerte zur Bewertung des Tapes sind der erreichte Kurvenwinkel sowie die Tape-Maßhaltigkeit in Form der Tape-Breite.

Mittels der Anpassung der Heizleistungen und Ausrichtungen der IR-Strahler wird der Schmelzpunkt in dem Modul verschoben. Die Untersuchungen haben gezeigt, dass bereits bei geringen Leistungen das Tape aufgeschmolzen wird. Ein direktes Vorwärmen durch die IR-Strahler #1 und #2 ist weder notwendig noch förderlich. Die Tape-Breite wird hierbei von 25 mm auf 10 mm reduziert und das Tape haftet im oberen Ofenbereich an den Umlenkrollen.

Um eine Veränderung der Tape-Breite in dem Tape-Twist-Modul zu minimieren, ist die Strecke über die das Tape mit aufgeschmolzener Matrix bewegt wird ebenfalls zu minimieren. Insbesondere der Kontakt von aufgeschmolzenem Tape und Führungselementen beeinflusst die Tape-Maßhaltigkeit. Liegt der Schmelzpunkt unmittelbar vor der Verschereinheit, durchläuft das Tape die oberen Umlenkrollen als Festkörper. Folglich treten keine Verschiebungen und Spannungsfehler in diesem Bereich auf und die Maßhaltigkeit steigt. Die Maxima für Maßhaltigkeit und Tape-Winkel werden bei einer Heizleistung von 25 % der Strahler #4 bis #9 erzielt. Die Leistung von 150 Watt ist jeweils ausreichend, um das Tape über der Schmelztemperatur zu halten. Die Messungen mit einer Wärmebildkamera bestätigen die Beobachtungen. Im Bereich des Tape-Verscherens ist die Tape-Oberfläche konstant im Sollbereich von 180 °C. Die Anzeige der Rollentemperatur ist aufgrund der Verspiegelung der Oberfläche nicht korrekt. Messwerte aus dem Rolleninneren zeigen, dass die Rollentemperatur noch oberhalb der Umgebungstemperatur bei etwa 190 °C liegt. Durch eine optimierte Anordnung der Strahler ergibt sich eine sehr homogene Tape-Temperatur, wie auf Bild 5.8 zu sehen.

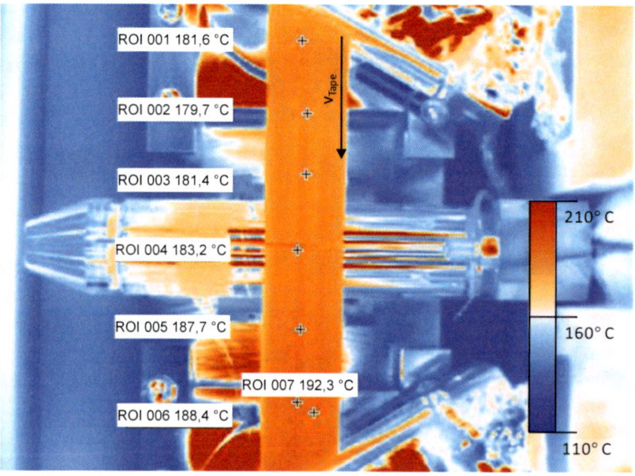

Bild 5.8: Temperaturverlauf des Tapes im Tape-Twist-Moduls

Temperature of tape in the Tape-Twist module

5.3.2 Geometrische Stellgrößen

Geometrical parameters

Mit einer optimierten Temperaturführung im Tape-Twist-Modul sind die Rahmenbedingungen für die Untersuchung des geometrischen Modells gegeben. Hierzu wird ein Vorgehen definiert und ein Versuchsplan erstellt, durchgeführt, und die daraus resultierenden Ergebnisse werden analysiert.

Vorgehen & Versuchsplan

Zur Validierung der geometrischen Stellgrößen werden ausgewählte Einflussfaktoren untersucht. Um die Versuchsanzahl zu minimieren, werden deshalb Methoden aus der statistischen Versuchsplanung herangezogen. Ein teilfaktorieller Versuchsplan bildet die Effekte einzelner Parameterwerte abgegrenzt von anderen Faktorvariationen ab. Dieser eignet sich aufgrund geringer Versuchsanzahl und hoher statistischer Validität für den Tape-Twist-Ansatz. Ziel ist die Definition des Parameterbereichs, in dem der Prozess die höchste Güte besitzt.

Im Rahmen der Validierung werden die zwei Gütekriterien Tape-Winkel und Maßhaltigkeit getrennt anhand der Versuchsdaten betrachtet. Der experimentell erzielte Winkel wird mit dem Wert des mathematischen Modells in Relation gesetzt. Die Maßhaltigkeit ist die Tape-Breite nach der Konditionierung in Vergleich zur Ursprungsbreite.

Grundsätzlich besitzt das Tape-Twist-Modul elf Prozessparameter. Um die Faktoranzahl zu verkleinern, wird zunächst eine Vorauswahl getroffen, siehe Tabelle 5.2. Entscheidend ist die Auswahl unabhängiger Stellgrößen, welche sowohl exakt skalier- und reproduzierbar sind, als auch einen signifikanten Einfluss auf die Kurvenerzeugung haben.

Tabelle 5.2: Faktorauswahl Prozessparameter

Preselection of process parameters

Parameter	Stellgröße	Definitionsbereich
Tape-Führung	Nein	
Tape-Vorspannung	Nein	
Tape-Breite	Nein	25 mm
Anstellwinkel	Ja	20° bis 40°
Speicherlänge	Ja	80 bis 120 mm
Abzugsgeschwindigkeit	Ja	20 bis 40 mm/s
Auslenkung	Ja	100 bis 300 mm
Radius	Ja	200 bis 400 mm
Heizleistung IR-Strahler	Nein	150 Watt
Heizpatronentemperatur	Nein	160 bis 170 °C
Ofentemperatur	Nein	180 °C

Der direkte Einfluss auf den Kurvenwinkel wird unter Variation des Wegs der Linearachse, des Rollenwinkels und der Speicherlänge betrachtet. Die Tape-Breite bleibt konstant. Ferner wird der Einfluss der Achsgeschwindigkeit auf den Radius untersucht. Zur Validierung des Modells bezüglich eines konstanten Radius und Winkel wird die

Abzugsgeschwindigkeit variiert. Alle Faktoren werden in drei Stufen um einen festen Referenzpunkt gewählt. Dieser Punkt liegt bei einer Abzugsgeschwindigkeit von 20 mm/s, einem Hub der Linearachse über 200 mm, einem Anstellwinkel von 30°, einem angestrebten Kurvenradius von 400 mm und einer Speicherlänge von 100 mm.

Die Auswertung erfolgt auf Basis der statistischen Mittelwerte, der jeweiligen Standardabweichungen für jeden Messpunkt und dem Korrelationskoeffizienten von Messpunkt zu Modellwert. Um statistische Ausreißer und Trends abbilden zu können und Kennwerte zu Standardabweichung und Korrelation zu bestimmen, werden für jeden Punkt fünf Einzelversuche vorgenommen. Die Versuche finden unmittelbar nacheinander bei gleichen Bedingungen statt, sodass die Variation der Störgrößen minimiert wird. Die Störgrößen und die entsprechenden Fehlerbilder wurden bereits im Rahmen von Voruntersuchungen identifiziert. Demnach wird die Prozessgüte negativ durch inhomogene Prozesstemperaturen beeinflusst. Verschiebungen am Abzug und an der Führung, Schlupf sowie Materialabtrag auf den Umlenkrollen sind weitere Störgrößen. Entsprechend ergibt sich der Versuchsplan gemäß Tabelle 5.3. Der Tape-Winkel ist der Zielwert, welcher sich aus dem geometrischen Modell ergibt. Die rheologischen Effekte werden durch eine entsprechende Korrektur des geometrischen Wertes berücksichtigt, bei der angestrebten Prozesstemperatur von 160°C.

Tabelle 5.3: Versuchsplan zur Untersuchung der geometrischen Stellgrößen

Experimental design for investigation of geometrical control variable

Versuchspunkt	Parameter					Zielwert	
	Abzugsgeschw.	Speicherlänge	Anstellwinkel	max. Auslenkung	Radius	Tape-Winkel (geom.)	Tape-Winkel (geom. & rheol.)
P1	20 mm/s	100 mm	30°	150 mm	400 mm	27,34°	11,03°
P2	20 mm/s	100 mm	30°	200 mm	400 mm	33,50°	13,66°
P3	20 mm/s	100 mm	30°	250 mm	400 mm	37,87°	15,51°
P4	20 mm/s	100 mm	30°	200 mm	300 mm	33,50°	10,86°
P5	20 mm/s	100 mm	30°	200 mm	200 mm	33,50°	8,13°
P6	20 mm/s	100 mm	25°	200 mm	200 mm	27,83°	6,63°
P7	20 mm/s	100 mm	20°	200 mm	200 mm	22,29°	5,23°
P8	20 mm/s	80 mm	30°	200 mm	200 mm	37,82°	9,22°
P9	20 mm/s	120 mm	30°	200 mm	200 mm	29,67°	7,16°
P10	15 mm/s	100 mm	30°	200 mm	200 mm	33,50°	9,94°
P11	30 mm/s	100 mm	30°	200 mm	200 mm	33,50°	6,46°

Die experimentellen Versuchsergebnisse zeigen eine Erhöhung des Tape-Winkels mit steigendem Hub der Linearachse (Bild 5.9 links oben). Die experimentell erzielten Tape-Winkel liegen klar unter den Werten des Geometriemodelles. Mit zusätzlicher Betrachtung des rheologischen Verhaltens liegen die Versuche im berechneten Bereich. Die Standardabweichung der Einzelversuche ist bei h = 200 mm am geringsten. Die hohe Varianz in den experimentellen Ergebnissen bei einer Auslenkung von 250 mm wird zum einen auf die steigende nicht geführte Tape-Länge im Verscherbereich zurückgeführt und zum anderen auf eine komplexere Temperaturführung in dem Tape-Twist-Modul durch die höhere Auslenkung.

Bei Veränderung des Anstellwinkels sind die experimentell erzielten Ergebnisse vergleichbar zu den Ergebnissen mit der Auslenkung h. Das rheologische Modell weißt insbesondere bei Anstellwinkeln von 20° und 25° geringere Werte als in den Versuchen auf, siehe Bild 5.9 oben rechts. Eine Erklärung ist die Überschätzung des Tape-Wanders bei kleineren Winkeln, wodurch sich der Kurvenwinkel reduziert. Auch sind geringere Tape-Spannungen bei kleineren Anstellwinkeln möglich, wodurch der rheologische Einfluss überschätzt wird.

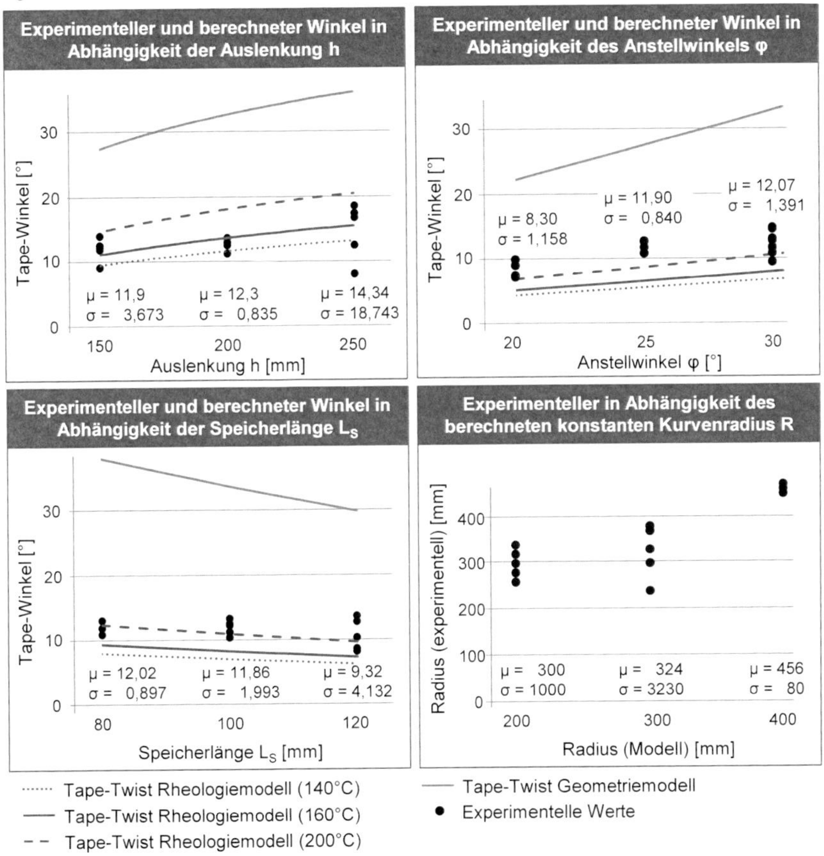

Bild 5.9: Vergleich der experimentellen Ergebnisse mit dem Tape-Twist-Modellwerten

Comparison of experimental results with Tape-Twist model

Ungeachtet dessen führt eine Steigerung des Anstellwinkels eindeutig zu einer Erhöhung des Tape-Winkels. Bereits kleine Änderungen der Anstellwinkel haben einen großen Einfluss auf den Tape-Winkel. Die Versuchspunkte bei Anstellwinkeln von 20° und 25° liefern konstante Ergebnisse, entsprechend lässt sich der Prozess in diesem Bereich gut beherrschen. In Bild 5.10 ist ein konditioniertes Tape (Versuchspunkt P4) zu sehen. Die Tape-Kurve mit konstanten Radius und einem Winkel von 11° ist klar ersichtlich. Das Tape zeigt auch ein leichtes Schwanken der Tape-Breite in der Kurve, welches durch das Wandern im Tape-Twist-Modul entsteht. Bei Rückgang in die Ausgangslage wird die Ursprungsbreite wieder erreicht.

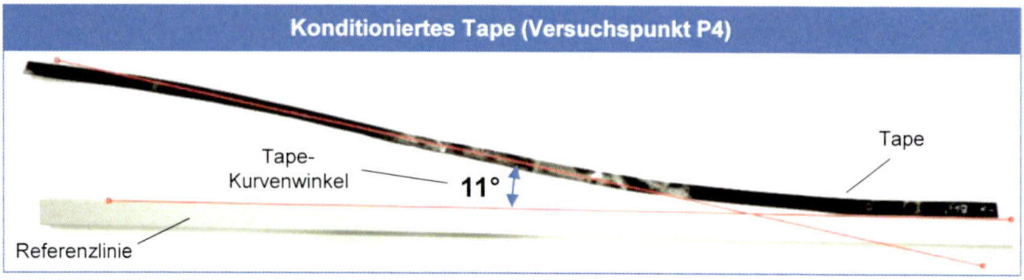

Bild 5.10: Konditioniertes Tape (Versuchspunkt P4)

Tape with curvature (experimental setup P4)

Mit steigendem Rollenwinkel wächst hingegen auch die Tape-Scherung. Dies wirkt sich wiederum negativ auf die Prozessstabilität aus, wie bei dem Anstellwinkel von 30° in Form höherer Schwankungen in Bild 5.9 oben rechts zu sehen ist.

Mit Betrachtung des Tape-Winkels für Speicherlängen L_S zwischen 80 und 120 mm wird der negative Effekt der Speicherlänge auf den Tape-Winkel bestätigt (siehe Bild 5.9 unten links). Vergleichbar mit einer ansteigenden Auslenkung ist bei großen Speicherlängen die ungeführte Tape-Strecke länger, folglich ist eine höhere Streuung bei einer großen Speicherlänge in den Versuchswerten zu beobachten. Die Versuchswerte liegen im Bereich des Rheologie-Modells bei einer Prozesstemperatur von 200°C. Dies zeigt wie herausfordernd eine konstante Temperaturführung in dem geplanten Prozessfenster in dem Tape-Twist-Modul ist.

Zur Validierung der Erzeugung definierter, konstanter Radien werden in Bild 5.9 unten rechts Prozessstellgrößen während des Prozesses verändert. Ein Umbau zwischen den einzelnen Versuchen ist nicht notwendig. Hierdurch wird der Einfluss von Störgrößen minimiert. Die experimentellen Werte zeigen, dass die konfigurierten Radien stets übertroffen werden. Insbesondere ist bei der Erzeugung eines kleinen Radius von 200 mm eine hohe Abweichung vom angestrebten Wert zu beobachten. Bei Radien von 400 mm wird der angestrebte Wert mit der kleinsten Varianz unter den Versuchen übertroffen. Die höheren Radien können durch das rheologische Verhalten erklärt werden. Der Längenunterschied wird langsamer, als im geometrischen Modell berechnet, in das Tape eingebracht. Hierdurch reduziert sich der Kurvenwinkel und der Radius steigt.

Als Kontrollversuchsreihe wird die Abzugsgeschwindigkeit bei konstantem Kurvenradius variiert. Das geometrische Modell sieht einen konstanten Winkel vor. Das rheologische Modell berechnet kleinere Winkel mit steigender Abzugsgeschwindigkeit. Obwohl bei steigender Schergeschwindigkeit die Viskosität abnimmt, benötigt das Einbringen eines Längenunterschieds Zeit, welche durch die höhere Abzugsgeschwindigkeit nicht mehr vorhanden ist.

Mit steigender Abzugsgeschwindigkeit (von 15 mm/s auf 20 mm/s) steigt der experimentell erzielte Winkel leicht an. Bei einer Abzugsgeschwindigkeit von 30 mm/s wird der Prozess instabiler und es ist eine sehr hohe Streuung zu beobachten, siehe Bild 5.11 und Bild 5.12. Das rheologische Modell unterschätzt tendenziell den Tape-Winkel bei steigenden Abzugsgeschwindigkeiten. Trotz der hohen Streuung in den Kurvenwinkeln zeigen die Tapes in dem ersten Kurvensegment keine Defekte, wie Einschnürungen oder Kantenumwürfe, wodurch eine konstante Tape-Breite erzielt wird.

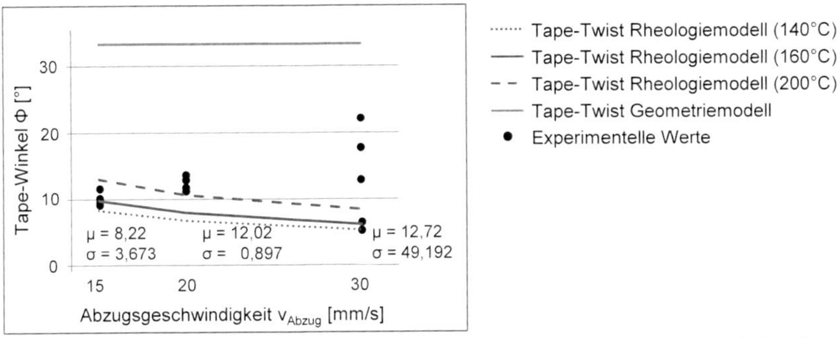

Bild 5.11: Experimenteller und berechneter Tape-Kurvenwinkel in Abhängigkeit der Abzugsgeschwindigkeit

Experimental and calculated tape curvature dependent on placement speed

Nach einer kurzen Verweildauer in der Zielposition der dynamischen Umlenkrolle, mit einer kontinuierlichen Verscherung des Tapes, wird diese wieder in Ausgangsposition gefahren. Die Steuerung ist darauf konfiguriert, den gleichen Radius und Kurvenwinkel zu erzeugen. Mit fortschreitender Prozessdauer sind leichte Faserwellungen in den Proben zu erkennen, wie im Bereich des Prozessendes zu sehen. Die Matrix verhindert trotz der erhöhten Prozesstemperatur eine dauerhaftes Scheren der Fasern gegeneinander. Die erzeugte Verscherung der Fasern werden in Form von Faserwellungen abgebaut.

Mit dem Abbau der Verscherung ist bei Rückkehr in die Ausgangsposition der dynamischen Umlenkrolle der zweite Kurvenwinkel zumeist geringer als der erste Winkel. Dies ist auch durch das rheologische Modell erklärbar. Die erzeugte Verscherung für die erste Kurve kann nicht aufrechterhalten werden und wird sukzessive abgebaut. Für die zweite Kurve ist dementsprechend nur noch ein geringerer Längenunterschied verfügbar und die Kurve ist kleiner. Entsprechend ist das Tape am Prozessende nicht parallel zu dem Tape am Prozessstart. Der Effekt verstärkt sich dabei mit größeren Kurvenwinkeln in der ersten Kurve.

Die experimentellen Untersuchungen zeigen, dass insbesondere bei geringen Abzugsgeschwindigkeiten eine gute Übereinstimmung mit dem rheologischen Modell vorliegt. Bei höheren Abzugsgeschwindigkeiten werden jedoch zu kleine Tape-Winkel berechnet. Die Ursachen können sowohl in dem Modell liegen als auch in den Prozessparametern. Ein elementarer Einflussparameter auf den Kurvenwinkel ist die applizierte Tape-Zugspannung. Durch variierende und vor allem höheren

Zugspannungen auf dem Tape sind ein Streuen und erhöhte Tape-Winkel möglich. Ebenfalls ist es möglich, dass in dem Modell der Einfluss einer erhöhten Verschergeschwindigkeit nicht ausreichend berücksichtigt wird.

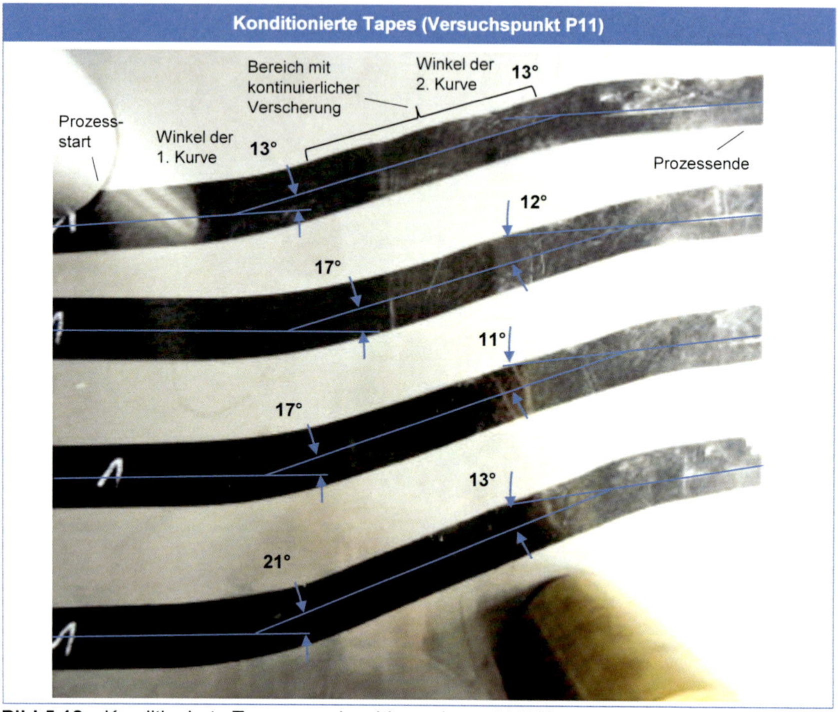

Bild 5.12: Konditionierte Tapes aus dem Versuchspunkt P11

Tapes with double curvatures (experimental setup P11)

5.4 Fazit zur Entwicklung des Tape-Twist Konditioniermoduls

Conclusion of Tape-Twist module development

Im diesem Abschnitt wurde ein Modell zur kontinuierlichen Erzeugung von Tape-Kurven entwickelt und validiert. Es konnten sowohl die Möglichkeiten als auch die aktuellen Grenzen des Prozesses aufgezeigt werden. Hierzu wurde ein Modul aufgebaut, welches sowohl als autarker Prüfstand als auch in einem Tape-Legesystem betrieben werden kann. Die Formelzusammenhänge des Ansatzes konnten in eine geschwindigkeitsvariable Steuerung des Tape-Twist-Moduls implementiert werden, sodass für eine beliebige dreidimensionale Bahngeometrie eine Zuweisung zur Parametrierung der dynamischen Achse möglich ist. Im Rahmen der Temperaturuntersuchung wurde der Einfluss des Temperierungs- und Schmelzprozesses auf die Konstanz und Qualität der Kurvenmaßhaltigkeit identifiziert und angepasst, um eine homogene Temperaturverteilung im Tape zu erzielen. Durch die Variation des Schmelzbereiches konnte eine annähernd konstante Tape-Maßhaltigkeit abgebildet werden und bildet die Grundlage für die Erzielung reproduzierbarer Ergebnisse.

Abschließend wurden die Ergebnisse aus der geometrischen und rheologischen Modellierung durch eine Parameterstudie innerhalb stabiler Prozessgrenzen validiert. Die Modell- und Messergebnisse weisen die höchste Übereinstimmung bei geringen Abzugsgeschwindigkeiten auf. Die Abweichungen zwischen den Messergebnissen und den Modellwerten liegen in der Prozessstabilität des Tape-Twist-Moduls bzgl. Temperatur und Tape-Zugspannung und des Weiteren in der Beschreibung der temperaturabhängigen rheologischen Eigenschaften des Tapes. Im Vergleich zum aktuellen Stand der Technik können erstmals Kurven mit einem Kurvenwinkel von 15,5° und einer Tape-Breite von 25 mm defektfrei hergestellt werden.

Die Teilforschungsfrage 1 zur Herstellung lateral gekrümmter Tapes durch eine systematische Tape-Konditionierung wurde somit beantwortet. Es wurde gezeigt, dass sowohl komplexere Pfade als auch breitere Tapes mit dem Tape-Twist-Ansatz realisierbar sind. Darüber hinaus ist es möglich, dass Modul in bestehende Systeme zu integrieren.

6 Messsystem zur Online Tape-Überwachung

Measurement system for continuous tape monitoring

In Abschnitt 4.3 wurde ein Ansatz zur kontinuierlichen Tape-Überwachung entwickelt. Mit der generellen Verifizierung des Lasersensors zur Oberflächenmessung von Tapes wurde die grundsätzliche Eignung nachgewiesen. Darauf aufbauend wird in diesem Abschnitt ein In-Prozess-Messsystem entwickelt und validiert.

6.1 Entwicklung des Messsystems

Development of measurement

Die Entwicklung umfasst die Auswahl eines geeigneten Lasersensors, eine Messstrategie und einen Messsystemaufbau. Die Entwicklungsschritte werden sukzessive durchlaufen.

6.1.1 Bestimmung des Lasersensors und der Messstrategie

Determination of laser sensor and measurement strategy

Die Hauptkomponente des Messsystems ist der Lasersensor. Auf Basis des Sensors wird die Messstrategie abgeleitet und der Systemaufbau entwickelt. Für das zu entwickelnde Konzept wird auf Basis des Vergleichs und der Tauglichkeitsuntersuchung ein Laserscanner-basiertes Messverfahren zur kontinuierlichen Überwachung von Tapes beim Tape-Legen eingesetzt. Die in Lasersensoren eingesetzten Strahlungsquellen weisen je nach Anwendungsbereich eine unterschiedliche Leistung auf. Um bei einem Betrieb ohne ergänzende Schutzvorkehrungen eine Gefährdung des Bedieners auszuschließen, darf eine Laserschutzklasse von 2M nicht überschritten werden. Ein Lasersensor der Klasse 2M kann ohne Schutzvorkehrungen verwendet werden, wenn ein absichtliches Hineinschauen in die Laserstrahlung nicht möglich ist [HVBG07f]. Folglich werden die Anforderungen an das Messsystem erweitert. Die Laserschutzklasse darf 2M nicht überschreiten und ein absichtliches Hineinschauen in die Laserstrahlung gilt es zu unterbinden.

Auswahl des Messsystems

Mit dem in Bild 6.1 dargestellten ScanCONTROL 2900-50 der Fa. Micro-Epsilon, Ortenburg, werden die geforderten Anforderungen erfüllt. Mit der Laserschutzklasse von 2M wird der Bedienerschutz berücksichtigt, wobei die Laserstrahlung weiterhin eine Emission des Systems darstellt. Über eine Ethernet GigE Vision Standard Schnittstelle erfolgt die Messwertausgabe, Sensorsteuerung und Profildatenübertragung.

ScanCONTROL Laser-Scanner

Merkmal	
Messbereich z-Achse (Höhe)	70-120 mm
Referenzauflösung	4 µm
Messbereich x-Achse (Breite)	50 mm
Auflösung x-Achse	1280 Punkte/Profil
Profilfrequenz	max. 300 Hz
Schnittstelle	GigE Vision
Lichtquelle	Halbleiterlaser 658 nm (rot)
Öffnungswinkel der Laserlinie	25°
Laserleistung	≤ 8 mW

Bild 6.1: ScanCONTROL 2900-50 von Micro-Epsilon [MICR17a]

ScanCONTROL 2900-50 from Micro-Epsilon

Ableitung der Messstrategie

Das Profil des Tapes kann mit dem ausgewählten 2D Laser-Scanner (Laser-Profil-Sensor) über die Breite erfasst werden. Um ein dreidimensionales Abbild des Tapes zu erzeugen, ist eine geführte Relativbewegung von Tape und Sensor notwendig. Eine Umsetzungsmöglichkeit ist die Integration in ein Tape-Legesystem, siehe Bild 6.2.

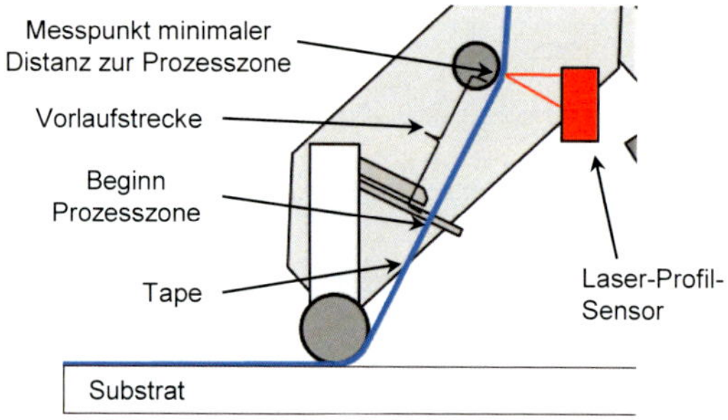

Bild 6.2: Messstrategie bei einer Integration im Tape-Legesystem

Measurement strategy for the integration in a tape placement system

Die Integration des Laserscanner-basierten Messverfahrens zur kontinuierlichen Überwachung von Tapes in das Tape-Legesystem bietet sich aus folgenden Punkten an:

- Es ist kein weiterer Prüfstand notwendig, da das Tape mit der Verarbeitung an dem Laser-Profil-Sensor vorbei geführt wird.
- Die Nachverfolgbarkeit der Tape-Messung im Bauteil ist ohne zusätzliche Technologien möglich. Bei der Verarbeitung müssen hierzu die Ablegeposition und die Messwerte einer spezifischen Tape-Position, sowie die Ablegegescheindigkeit und -strecke mit aufgezeichnet werden.
- Der Einfluss von Störgrößen zwischen Messung und Verarbeitung ist minimiert. Durch die Messung im Tape-Legesystem möglichst nah am Verarbeitungspunkt kann davon ausgegangen werden, dass sich das Tape nicht mehr verändert und

keine Störgrößen auf das Tape wirken. Hierbei ist zu beachten, dass ein minimaler Vorlauf zur Prozesszone einzuhalten ist, um eine Datenverarbeitung und Prozessregelung zu ermöglichen.

- Der Laser-Profil-Sensor kann nachträglich in ein Tape-Legesystem installiert werden. Hierbei ist darauf zu achten, dass der Laser-Profil-Sensor nicht die Tape-Verarbeitung beeinträchtigt. Ebenso ist zu prüfen, ob der Lasersensor durch das Tape-Legesystem gesteuert werden kann und ob die Messwerte zur Prozessregelung genutzt werden können.

6.1.2 Systemaufbau

System setup

In bisherigen Anwendungen werden Laser-Profil-Sensoren, im Folgenden Lasersensoren genannt, lediglich zur Vermessung bereits konsolidierter Tapes verwendet [SCHM10b; WITT15]. Das Tape ist in diesen Fällen aufgrund der Konsolidierung auf einer Oberfläche fixiert und der Lasersensor wird mit dem Tape-Legesystem mechanisch gekoppelt. Des Weiteren handelt es sich um eine nachlaufende Sensorik, indem im Anschluss an den Ablageprozess gemessen wird.

Bei der Tape-Messung im Rahmen dieser Arbeit handelt es sich um eine dem Ablageprozess vorlaufende Sensorik. Daraus ergibt sich folgender konzeptioneller Aufbau zur kontinuierlichen Tape-Messung, siehe Bild 6.3.

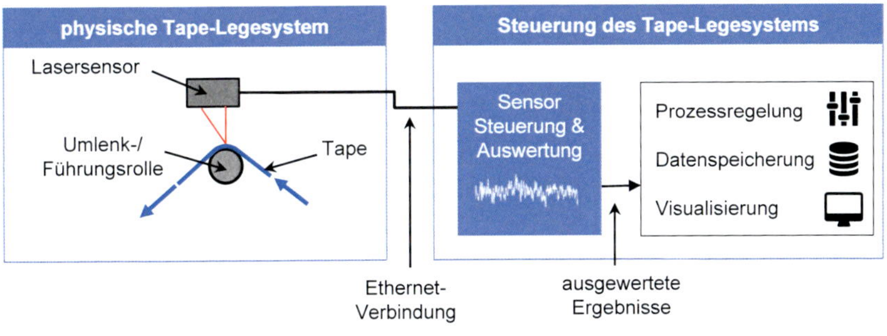

Bild 6.3: Konzeptioneller Aufbau des Messsystems

Conceptional setup of metrology system

Das Kernelement des Aufbaus stellt der Lasersensor dar. Diesen gilt es in die bestehende Maschine mechanisch und steuerungstechnisch zu integrieren. Mittels einer Umlenkrolle wird das Tape definiert am Lasersensor vorbeigeführt. Die Umlenkrolle ist mattschwarz eloxiert, wodurch potentielle Reflektionen reduziert werden. Um die höchste Genauigkeit mit dem Lasersensor zu erzielen, ist der Sensor in einer Entfernung von ca. 95 mm zur Tape-Oberfläche angebracht [MICR17b]. Die Laserlinie befindet sich im Scheitelpunkt des Tapes auf der Messrolle, siehe Bild 6.4.

Der Lasersensor projiziert über eine Linien-Optik eine Laserlinie auf die Messobjektoberfläche, hier das Tape und die Umlenkrolle. Die Reflexion der Laserlinie von der

Tape-Oberfläche geschieht sowohl diffus als auch gespiegelt, wobei nur das diffus reflektierende Licht dieser Laserlinie über eine Optik auf der Sensor-Matrix abgebildet und ausgewertet wird [MICR15].

Bei spiegelnden Oberflächen, unter anderem glatten Tapes, können sekundäre Laserlinien auftreten, welche von dem Sensor erfasst werden. Gespiegelt reflektierte Strahlung, welche auf die Glasschutzplatte des Lasers trifft, wird erneut auf das Tape gestrahlt. Das hierdurch diffus reflektierende Licht führt zu sekundären Laserlinien, die ebenfalls von dem Lasersensor erfasst werden. Diese Spiegelreflexion ist in Bild 6.4 links schematisch dargestellt. Experimentelle Untersuchengen haben ergeben, dass mit einer Kippung des Lasersensor um etwa -3° um die y-Achse (siehe Bild 6.4 rechts) der Einfluss von Spiegelreflexionen minimiert werden kann.

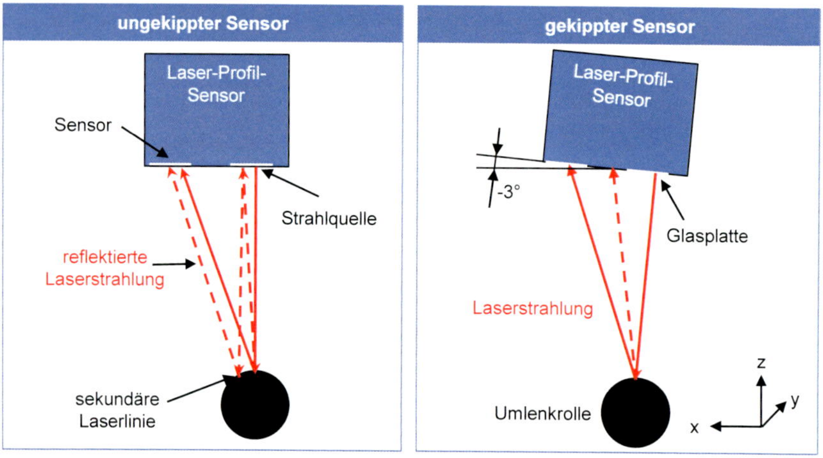

Bild 6.4: Prinzipskizze der Spiegelreflexion

Principle of mirror reflections

Zur Steuerung des Lasersensor und Auswertung der Profildaten wird ein Messprogramm entwickelt, welches auf einer SPS betrieben wird. Dementsprechend kann das Messprogramm als zusätzliches autarkes Modul auf der Steuerung von einem Tape-Legesystem implementiert werden, siehe Bild 6.5.

Das Messprogramm ruft die Sensorsteuerung zur Profilerfassung und die Profilauswertung sukzessive auf. Zur Erzielung kurze Ansteuerungen und reduzierter Messdauern wird die Sensorsteuerung über C++-Skripte realisiert. Die Auswertung der Profilmesspunkte wird mit der Entwicklungsplattform Matlab umgesetzt. Mit Abschluss der Auswertung werden sowohl die Rohdaten als auch die ausgewerteten Ergebnisse der Steuerung des Tape-Legesystems übergeben. Hier können die Ergebnisse zur Prozessregelung genutzt, angezeigt und mit den Prozessdaten gespeichert werden.

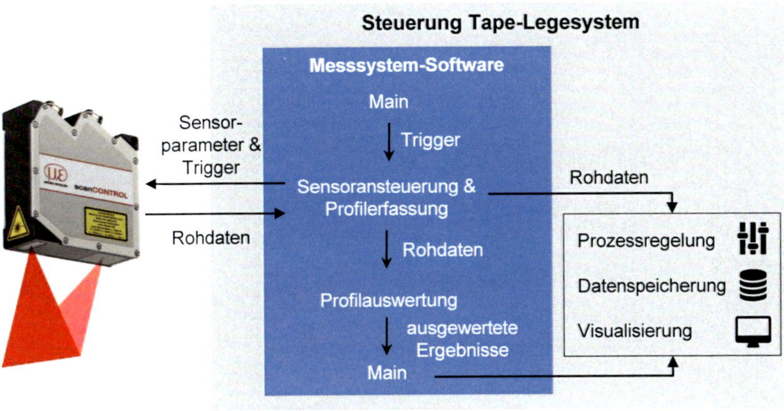

Bild 6.5: Steuerungstechnischer Aufbau des Messsystems

Setup of control for metrology system

6.1.3 Profilerfassung

Profile aquisition

Eine hohe Datenqualität bei der Profilerfassung ist die Basis für die automatisierte Messung der Profildaten von Tapes beim Tape-Legen. Hierzu ist eine schnelle und robuste Erfassung des Tape-Profils durch den Lasersensor nötig. Zur Sicherstellung einer möglichst präzisen Profilerfassung ist die Belichtungszeit ein elementarer Parameter. Die mögliche Belichtungszeit t_{Bel} wird durch die Forderung einer Mindest-Messfrequenz von 300 Hz auf maximal $t_{Bel,max}$ = 3,33 ms eingeschränkt. Eine zu geringe Belichtungszeit führt zu fehlerhaft detektierten Profilpunkten, wodurch die Messgenauigkeit abnimmt. Auf Basis von Vorversuchen an unterschiedlichen Tapes wird als optimale Belichtungszeit $t_{Bel,max}$ = 2 ms gewählt. Im Rahmen dieser Versuche wurde ebenfalls festgestellt, dass bei Tapes mit großem Reflexionsgrad sich die Anzahl fehlerhafter Profilmesspunkte für Werte $t_{Bel,max}$ < 3,33 ms vergrößert. Dementsprechend wird bei Tapes mit großem Reflexionsgrad die Belichtungszeit entsprechend adaptiert, wodurch die Forderung nach einer Mindest-Messfrequenz von 300 Hz unter Umständen nicht mehr eingehalten werden kann.

6.1.4 Tape-Profilauswertung

Tape profile evaluation

Mit der Profilerfassung sind die Rohdaten eines Tape-Profils vorhanden. In einem weiteren Schritt werden diese Daten aufbereitet und auf die Schlüsselwerte, Tape-Breite, -Dicke und Oberflächeneigenschaften reduziert.

Für eine Eignung des Lasersensor als Messgerät für Tapes muss dieser eine möglichst geringe Standardabweichung in den Schlüsselwerten erzielen. Bezüglich der Höhenmessung sinkt die Standardabweichung mit steigender Anzahl an Messpunkten eines Profils [MICR17b]. Es ist daher ein Auswertungsverfahren zu bevorzugen, welches möglichst viele Messpunkte eines Profils berücksichtigt. Diese Forderung wird mit dem hier entwickelten Programm zur Tape-Profilauswertung erfüllt. Das dazugehörige Ablaufdiagramm ist in Bild 6.6 dargestellt.

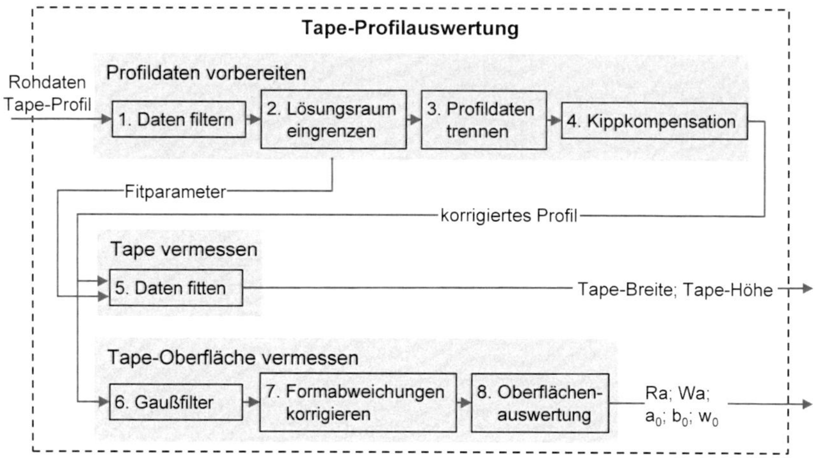

Bild 6.6: Ablaufdiagramm des Programms zur Tape-Profilauswertung

Flow chart of program for tape profile evaluation

Durch die Aufteilung der Tape-Profilauswertung in eine Datenaufbereitung und -auswertung wird grundsätzlich die Möglichkeit geschaffen, Prozessschritte zu parallelisieren und unterschiedlich häufig durchzuführen. Die Tape-Vermessung zur Bestimmung von Breite und Höhe ist sehr schnell möglich. Im Gegensatz dazu benötigt die Auswertung der Tape-Oberfläche mehr Zeit, sodass diese nicht bei jeder Messung ausgewertet werden kann.

Die Tape-Oberflächen-Auswertung ermittelt den arithmetischen Mittenrauwert Ra und die arithmetische mittlere Welligkeit Wa des Tape-Profils. Darüber hinaus wird eine Auswertung der Tape-Oberfläche nach SCHÄFER vorgenommen [SCHA17]. Mit den ermittelten Werten a_0, b_0 und w_0 lässt sich der Kontaktausbildungsgrad nach dem Modell von LEE und SPRINGER bestimmen, siehe hierzu auch Formel (*4.24*).

Zur Ermittlung der Tape-Geometrie wird angenommen, dass Tapes eine Rechteckform aufweisen und flächig auf der Umlenkrolle aufliegen. Diese Rechteckform spiegelt sich in den durch den Lasersensor ermittelten Profilen wieder, wie zum Beispiel in Bild 6.7 zu sehen ist.

Es wurde darüber hinaus bereits gezeigt, dass insbesondere für die Bestimmung von Tape-Breite und Tape-Höhe Doppelsigmoidfunktionen eingesetzt werden können [SCHM10b]. Ebenso kann die Tape-Oberfläche über eine rechteckige Struktur approximiert werden. Durch die Doppelsigmoidfunktionen können jedoch keine kontinuierlichen Rechteckprofile ausgewertet werden, welche bei Tape-Oberflächen auftreten.

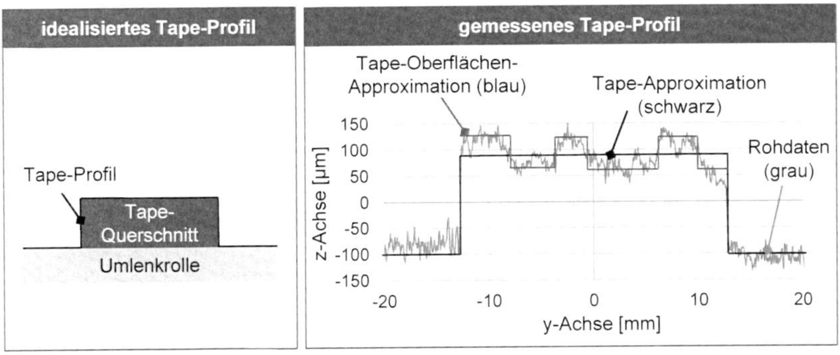

Bild 6.7: Idealisiertes (links) und gemessen/ approximiertes Tape-Profil (rechts)

Idealized tape profile (left); measured and approximated tape profile (right)

Approximationsfunktion hingegen eignen sich zur Auswertung kontinuierlicher Rechteckstrukturen. Eine Rechteckfunktion unter Verwendung der Ansätze von WEGENER wird durch eine Fouriersynthese F(y) mit der Dimension k angenähert [WEGE10], siehe Formel *6.1*. In dieser Arbeit wird die Approximationsfunktion auf die Profilauswertung angewendet.

$$F(y) = r_1 + \frac{4 * r_2}{\pi} * \sum_{n=1}^{k} \frac{1}{2n-1} * sin((2n-1) * r_4 * (y - r_3)) \tag{6.1}$$

Zur Durchführung der Fouriersynthese werden die r_i-Werte in einem ersten Schritt aus den Profildaten berechnet. Hierzu werden die Profildaten mittels einer Funktion approximiert. Die Anwendung der Fouriersynthese bei einer Tape-Vermessung und die entsprechenden r_i-Werte sind in Bild 6.8 dargestellt.

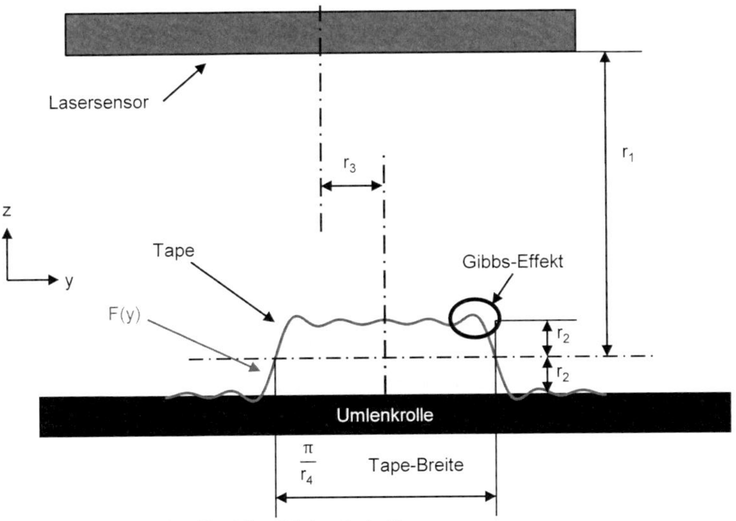

Bild 6.8: Anwendung der Funktion F(y) auf ein Tape

Application of function F(y) to a tape

Die Approximation wird auch „fitten“ genannt und sowohl zu Filter- als auch Auswertungszwecken durchgeführt. Bei den r_i-Werten handelt es sich um folgende Abstände:

- r1: Abstand von Tape zu Lasersensor
- r2: 0,5 * Scheitelhöhe des Tapes
- r3: laterale Versatz von Tape-Mitte zum Lasersensor
- r4: Tape-Breiten-Faktor

Auf Basis der r_i-Werte und des k-Wertes wird die Tape-Breite und –Höhe unmittelbar berechnet. Die Tape-Dicke D_T entspricht dem zweifachen des Wertes r_2 und die Tape-Breite beträgt $B_T = \frac{\pi}{r_4}$.

Die Funktion F(y) soll möglichst genau das Tape abbilden. An den Kanten des Tapes ist eine Überschwingung vorhanden. Dieser sogenannte Gibbs-Effekt tritt aufgrund von Überschwingung auf und stellt einen Fehlereinfluss dar. Mit zunehmender Größe von k reduziert sich die Breite des Gibbs-Effekts. Daher wird der optimale Wert für k durch Untersuchungen des Approximationsverhaltens ermittelt.

Auswahl eines optimalen k-Wertes

Wie auch in Bild 6.9 zu sehen ist, verringern sich mit der Wahl eines höheren k-Wertes die Abweichungen bis hin zu einem idealen Rechteckprofil. Weiterhin steigt die Flankensteigung mit zunehmendem k-Wert an. Daher ist zu erwarten, dass mit einem möglichst großen k-Wert die Genauigkeit der Tape-Breitenmessung verbessert wird. Aufgrund der zunehmenden Flankensteigung reduziert sich dabei jedoch die Anzahl der Profilpunkte, die in die Bestimmung der Tape-Breite mit einfließen. Es wird untersucht, inwiefern die Wahl des k-Wertes einen Einfluss auf die ermittelte Tape-Breite hat, siehe Bild 6.9.

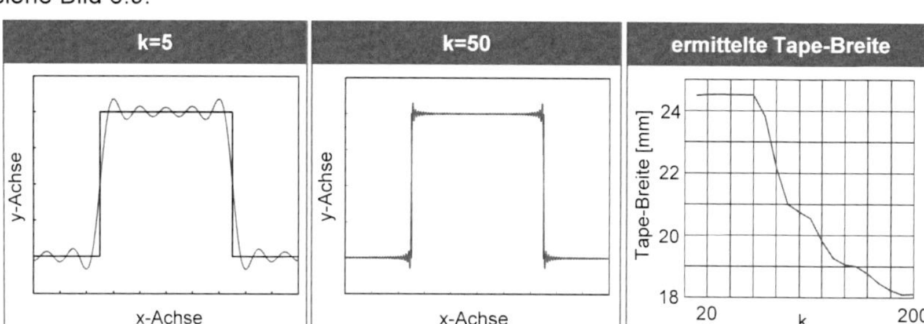

Bild 6.9: Approximation einer Rechteckfunktion für verschieden k-Werte und der Einfluss auf die Tape-Breite

Approximation of rectangular function of different k-values and its effect on widths

Von einem Startwert ausgehend wird innerhalb eines Lösungsraumes mit dem Approximationsalgorithmus die beste Näherung eines Tape-Profils durch die Fouriersynthese ermittelt. Nach dem Auftragen der ermittelten Tape-Breite über den k-Wert zeigt sich, dass ab einem Wert von k = 60 eine Abnahme der ermittelten Tape-Breite eintritt.

Zur Verifizierung wurden Messungen mit einem Messschieber durchgeführt. Diese ergeben, dass die ermittelten Tape-Breiten für einen Wert von k < 60 zutreffend sind (siehe Bild 6.9). Um die Breite präzise zu bestimmen, wird k = 50 gewählt.

Weiterhin wird eine zusätzliche Approximation mit einem kleinen k-Wert zur Eingrenzung des Lösungsraums im Vorfeld durchgeführt. Bei der Fouriersynthese mit k = 5 dient der dabei ermittelte Wert $r_{4,erm}$ als Basis des Lösungsraumes aller weiteren Approximationen.

Auswahl eines Lösungsraums

Durch die Wahl eines geeigneten Lösungsraumes lässt sich die Approximation weiter optimieren und die Berechnungszeit verkürzen. Der Lösungsraum der Approximation wird entsprechend der Tabelle 6.1 eingegrenzt. Die Variablen r_1, r_2, und r_3 weisen im Gegensatz zu der Variable r_4 keinen signifikanten Einfluss auf die Genauigkeit der Approximation auf. Die Grenz- und Startwerte der Variablen von F(y) (Formel *6.1*) ergeben sich wie folgt:

- Die Variable r_1 ist abhängig von dem Abstand des Lasersensors zur Tape-Oberfläche. Der Lasersensor kann im Abstand von 70 bis 120 mm messen mit einem optimalen Arbeitsabstand von 95 mm. Der Abstand zur Umlenkrolle wird zu 95 mm gewählt.
- Die Tape-Dicke ist in der Regel 150 bis 250 µm, jedoch sind hier Dicken von bis zu 500 µm möglich. Die Variable r_2 wird dementsprechend eingegrenzt.
- Durch die Variable r_3 wird die Verschiebung der Messdaten in y-Achsenrichtung beschrieben. Der Lösungsraum grenzt den möglichen Betrag der Verschiebung auf max. 80 mm ein.
- Der Lösungsraum wird auf Basis von $r_{4,erm}$ definiert. Auf einen Bereich von ± 5 % um den Basiswert wird der Lösungsraum festgelegt.

Tabelle 6.1: Lösungsraum und Startwerte für die Tape-Approximation
Solution space and start values for tape approximation

Parameter	Minimum	Startwert	Maximum
r_1 [mm]	70	95	120
r_2 [mm]	0,05	0,1	0,3
r_3 [mm]	0	50	80
r_4 [1/mm]	$r_{4,min} = 0{,}95 * r_{4,erm}$	$r_{4,erm}$	$r_{4,max} = 1{,}05 * r_{4,erm}$

Korrektur der Profildaten

Verunreinigungen und Messfehler können zu einzelnen Profilpunkten führen, die deutlich außerhalb des eigentlichen Tape-Profils liegen. Entsprechend des Ablaufdiagramms in Bild 6.6 beginnt die Vorbereitung der Profildaten daher mit einer Korrektur dieser Einflüsse. Hierbei werden alle Profilpunkte entfernt, die in z-Achsenrichtung um mehr als 0,4 mm von dem Durchschnitt aller Messpunkte abweichen. Dieser Wert wurde durch empirische Untersuchungen an unterschiedlichen Tapes ermittelt. Bei einem ideal glatten Tape (0,25 mm dick und 25 mm breit) befinden sich die Messpunkte von Tape-Oberfläche und Umlenkrollenoberfläche in 0,125 mm Abstand zu dem Durchschnitt aller Messpunkte. Die Filterung ist somit konservativ, da die entfernten Messpunkte mehr als das Dreifache von der Ideallinie abweichen.

Ebenfalls führt eine hohe Reflektivität des Tapes zu fehlerhaften Profilpunkten. Im Gegensatz zu den durch Verunreinigungen hervorgerufenen Abweichungen ist diesen Profilpunkten jedoch kein Wert zugewiesen und stellen Löcher innerhalb des Profils dar. Zur Korrektur werden die Löcher durch eine lineare Interpolation der umgebenden Profilpunkte geschlossen. Anschließend erfolgt eine weitere Filterung des Profils. Unter Annahme einer Normalverteilung werden alle Profilpunkte mit einer Differenz zur approximierten Tape-Dicke von mehr als drei Standardabweichungen als Ausreißer klassifiziert.

Im Anschluss an die Filterung wird das Tape-Profil von dem Profil der Umlenkrolle getrennt. Mit dem Profilbereich der Umlenkrolle wird eine mögliche Verkippung durch ein lineares Fitting kompensiert.

6.1.5 Ermittlung der Tape-Geometrie

Calculation of tape geometry

Die Auswertung der Tape-Geometrie erfolgt in Anschluss an die Korrektur der Profildaten durch ein weiteres Fitting. Die Tape-Dicke kann ohne weitere Korrekturen aus der ermittelten Variable r_3 berechnet werden. Für die Tape-Breite ist entsprechend der Formel *6.2* zusätzlich eine Korrektur der Verkippung (Kippwinkel θ) durchzuführen.

$$B_{T,korr} = \frac{\pi}{r_4} * \frac{1}{cos(\theta)} \tag{6.2}$$

6.1.6 Ermittlung der Tape-Oberfläche

Calculation of tape surface

Für die hier gewählte Anwendung ist die Bestimmung prozessrelevanter Tape-Eigenschaften wesentlich. Bereits in der Systembeschreibung wurde aufgezeigt, dass die Erfassung der großen Unebenheiten des Tape-Profils für den Tape-Legeprozess elementar ist. Die entsprechenden Tape-Eigenschaften werden durch die Analyse des Oberflächenprofils nach dem Ablaufplan in Bild 6.10 bestimmt.

Das bei einer Oberflächenvermessung ermittelte Profil wird als Primärprofil bezeichnet. Primärprofile setzen sich aus einer Überlagerung von Gestaltabweichungen verschiedener Ordnungen zusammen, die in abfallender Amplitudengröße von Form-, über Welligkeits- und Rauheitsprofile beschrieben werden [DIN82]. Die Trennung eines Primärprofils in die einzelnen Profilarten wird durch die Anwendung von Filtern ermöglicht. Welligkeits- und Rauheitsprofile entstehen somit durch eine absichtliche Profilveränderung. Hierzu werden die Profilfilter λ_c und λ_f genutzt.

Mit der Betrachtung der Welligkeit werden überwiegend periodisch auftretende Abweichungen mit einem Verhältnis der Wellenabstände zur Wellentiefe zwischen 1000:1

und 100:1 berücksichtigt. Diese Abweichungen stellen die großen Unebenheiten im Tape-Profil dar. [DIN82]

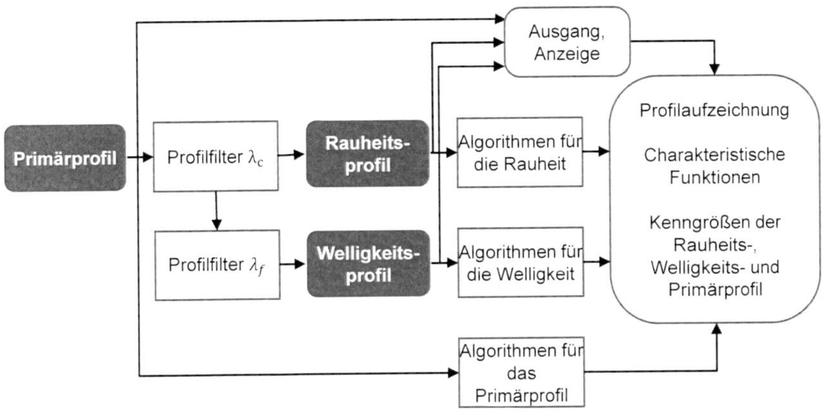

Bild 6.10: Ablaufplan für die Auswertung eines Oberflächenprofils nach DIN 4287 [DIN10]

Flow chart for analysis of surface profile according DIN 4287

Ermittlung des Welligkeitsprofils

Das Welligkeitsprofil entsteht durch das nacheinander Anwenden der Profilfilter λ_f und λ_c auf das Primärprofil, siehe Bild 6.10. Dabei werden mit dem λ_f-Profilfilter die langwelligen und mit dem λ_f-Profilfilter die kurzwelligen Anteile abgetrennt. [DIN10]

Die Wahl der Grenzwellenlänge des Profilfilters λ_c ist abhängig von der Größe des ermittelten Messbereiches. JENOPTIK fasst die Vorgaben der zugrundeliegenden DIN EN ISO 3274 zur geometrischen Produktspezifikation zusammen und empfiehlt für eine Messbereichsgröße von 12,5 mm bis 40 mm eine Grenzwellenlänge von λ_c = 2,5 mm. Hierdurch wird die Auswertung von Welligkeitselementen mit einem Mindest-Abstand von $\lambda_{w,min}$ = 0,4 mm ermöglicht [JENO15]. Der zur Filterung genutzte Gaußfilter bietet darüber hinaus den Vorteil, dass mögliche Interferenzen der Laserstrahlung des Lasersensors und daraus resultierendes „Oberflächenrauschen" minimiert werden können [MICR15].

Durch die Anwendung des λ_f-Profilfilters werden Formabweichungen kompensiert, die das Welligkeitsprofil, z.B. Geradheitsabweichungen, überlagern. Die bei Tapes festgestellten Formabweichungen sind jedoch gering. Eine Korrektur der linearen Formabweichung und der Oberflächenkrümmung ist hierfür ausreichend, sodass auf eine weitere Gaußfilterung verzichtet wird.

Ermittlung der Oberflächenparameter

Die Ermittlung der Oberflächenparameter a_0 und b_0 folgt dem Auswertungsverfahren von SCHAEFER. Um w_0 zu ermitteln wird jedoch eine Modifikation des Verfahrens vorgenommen. Damit die Randbereiche des Oberflächenprofils, welche die Berechnung verfälschen, in die Bestimmung des Parameters w_0 nicht mit eingehen, wird w_0 durch eine Mittelung der Spaltbreiten w_i berechnet. Über diese Parameter kann der Kennwert für den direkten Kontakt D_{ic} kalkuliert werden.

Zur Kalibrierung des Messsystems werden die Profilordinaten genutzt. Die arithmetischen Mittelwerte der Profilordinaten Ra und Wa werden folgend berechnet

$$Ra, Wa = \frac{1}{l}\int_0^l |Z(x)|dx \tag{6.3}$$

mit l = lr oder lw (je nach Fall) [DIN10].

6.2 Messsystem-Analyse

Analysis of measurement system

Das Messsystem ermöglicht die kontinuierliche Vermessung der Breite und Dicke von Tapes. Weiterhin ist das Messsystem in der Lage, Tape-Oberflächen zu messen. Die erzielbare Messgenauigkeit des Messsystems ist ebenso zu untersuchen, da ein nicht geeignetes Messsystem keine sicheren Rückschlüsse auf reale Sachverhalte zulässt [DIET17]. Aus diesem Grund fordert die IATF 16949 für Qualitätsmanagementsysteme für die Nutzung eines Messsystems statistische Untersuchungen zur Analyse der Streuung der Messergebnisse. Diese Anforderung muss für alle Messsysteme, auf die im Produktionslenkungsplan Bezug genommen wird, angewendet werden. [IATF16]

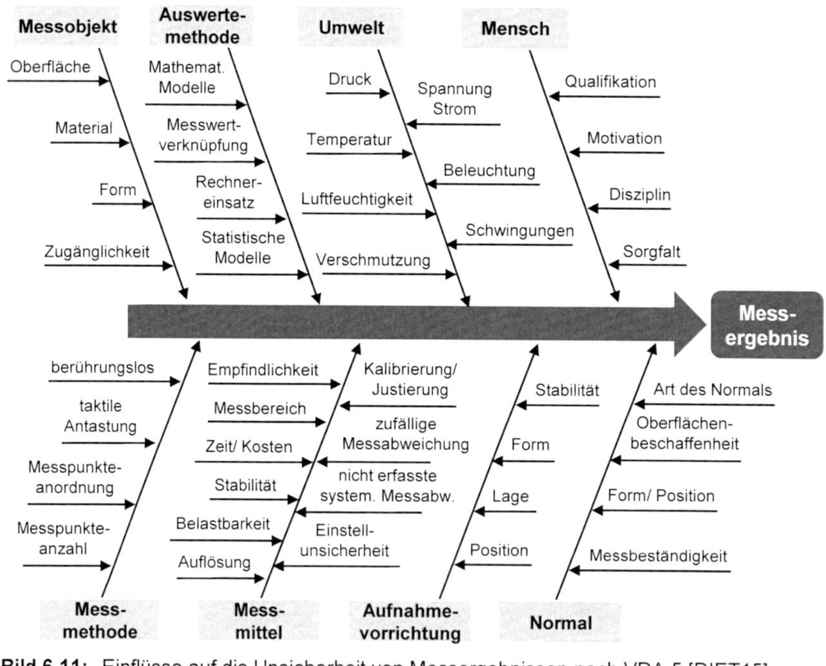

Bild 6.11: Einflüsse auf die Unsicherheit von Messergebnissen nach VDA 5 [DIET15]

Important factors on uncertainty of measurement results according VDA 5

Die DIN EN ISO 9001 fordert, dass Prüfmittel in einer Art und Weise eingesetzt werden, welche sicherstellt, dass die Messunsicherheit sowohl bekannt als auch mit der betreffenden Forderung vereinbar ist [DIN15]. Eine Vielzahl an Einflusskomponenten wirken bei der Ermittlung des Messwerts auf das Messsystem ein, wie dem Bild 6.11 entnommen werden kann.

6.2.1 Messsystemanalyse für Breiten und Dickenmessung

Measurement capability analysis for width and thickness measurement

Verschiedene Verfahren sind vorhanden, mit denen spezifische Aussagen über die Eignung eines Messsystems getroffen werden können. Die Messsystemanalyse (MSA) ist ein etabliertes Vorgehen. Im Allgemeinen ermöglicht die MSA eine Aussage darüber, ob eine mit einer Toleranz versehene Messgröße durch ein Messmittel sicher bestimmt werden kann. Auf Basis dieses Verfahrens erfolgt eine Analyse der Fähigkeit des Messsystems zur Tape-Breiten- und -Dickenvermessung.

Mit der MSA wird unter möglichst realen Bedingungen das Messsystem, am Einsatzort mit originalen Messobjekten, evaluiert. Hierzu werden Messungen durchgeführt, nummerisch analysiert, Kennwerte ermittelt und mit den gegebenen Kennwerten verglichen.

Der Vergleich zeigt die Eignung des Systems mit der Wiederhol- und Vergleichspräzision auf. Um verschiedene Messsysteme spezifisch zu validieren, existieren mehrere Verfahren, welche in dem Leitfaden zum Fähigkeitsnachweis von Messsystemen beschrieben werden [DIET02].

Das Verfahren 1 wird bei der Beurteilung von neuen und geänderten Messsystemen eingesetzt. Verfahren 2 wird zur Beurteilung von Messsystemen unter realen Bedingungen durchgeführt. Als gesonderte Variante von Verfahren 2 gilt Verfahren 3, mit dem die Eignung eines Messsystems ohne Bedienereinfluss anhand von Produktionsteilen beurteilt wird. Das Verfahren ist explizit für In-Prozess-Messeinrichtungen konzipiert worden. Im Rahmen dieser Arbeit werden sowohl Verfahren 1 als auch Verfahren 3 angewendet. Der Ablauf ist hierbei in Bild 6.12 dargestellt. [DIET02]

Zu Beginn des Ablaufplans wird die benötigte Auflösung geprüft. Wie in den Anforderungen bereits definiert, ist eine Auflösung des Messgeräts von ≤ 5 % gefordert. Dementsprechend wurde das Messsystem ausgewählt, und eine ausreichende Auflösung ist gegeben. Ebenso wurde eine Funktionsprobe erfolgreich durchgeführt, um eine generelle Fähigkeit zur Messung sicherzustellen.

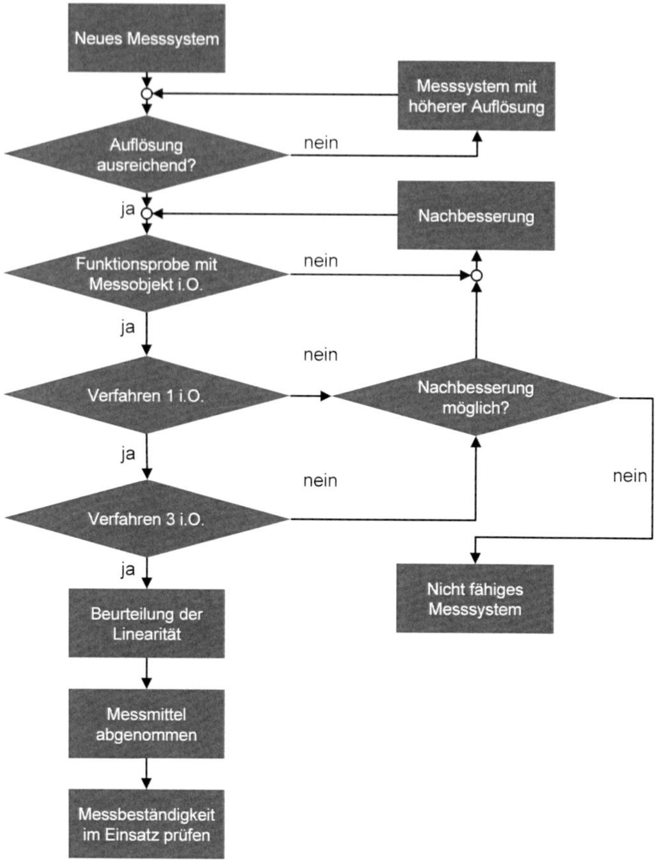

Bild 6.12: Ablaufplan der Eignungsuntersuchung eines Messsystems [DIET02]

Flow chart for capability assessment procedure

Verfahren 1

Mit dem Verfahren 1 werden die Fähigkeitskennwerte C_g und C_{gk} bestimmt. Das g in $C_{g/gk}$ bedeutet gauge, der Kennwert bezieht sich auf die Fähigkeit des Messmittels Diese erbringen den Beweis, ob eine Messeinrichtung unter Nutzung eines Normals für die gedachte Anwendung auch unter Betriebsbedingungen geeignet ist. Der Fähigkeitskennwert C_g ist ein allgemeines Maß für das Verhältnis aus Mess-Standardabweichung und Toleranz eines Merkmals. Der Fähigkeitskennwert C_{gk} ermöglicht einen Vergleich der Streuung und Verschiebung durch das Messmittel. Dabei sind für das Verfahren 1 folgende Voraussetzungen zu erfüllen:

- Die Messeinrichtung ist entsprechend den Hersteller-Vorschriften zu installieren.

- Für die Bestimmung von C_{gk} wird ein Normal oder ein Referenzteil benötigt, um die Abweichung von der Messung zum richtigen Wert zu ermitteln. Falls kein Normal vorhanden ist, entfällt die Bestimmung von C_{gk} und es kann lediglich die Wiederholpräzision C_g mit einem geeigneten Messobjekt bestimmt werden.

Der Hersteller des Lasersensors verwendet im Zuge der Sensorkalibrierung einen matt-metallenen Prüfkörper, dessen Eigenschaften von denen eines schwarzen Tapes abweichen. Darüber hinaus sind Normale für optische Messsysteme unflexibel und können somit nicht mit dem zu prüfendem Messsystem eingesetzt werden. Die bei den Kalibrierungen ermittelten Standardabweichungen können als Richtwert betrachten werden und werden im Kontext des Messsystems verifiziert.

Der Fähigkeitskennwert C_g wird über die Toleranz T und die Wiederhol-Standardabweichung s_g ermittelt. Dabei werden mindestens 50 Wiederholmessungen in kurzen Zeitabständen durchgeführt, und das Normal wird nach jeder Messung zurückgelegt. Das Messsystem ist mit C_g > 1,33 fähig und wird folgend berechnet [DIET17]:

$$C_g = \frac{0{,}2 * T}{4 * s_g} \qquad mit\, s_g = \sqrt{\frac{1}{n-1} \sum_{1=1}^{n} \left(x_i - \bar{x}_g\right)^2} \tag{6.4}$$

und dem Mittelwert der Messungen $\bar{x}_g$:

$$\bar{x}_g = \frac{1}{n} \sum_{i=1}^{n} x_i \tag{6.5}$$

Das Messsystem wird mit einem PA12-CF Tape der Fa. Suprem, Schweiz, mit einer Nennbreite von 25 mm und einer Nenndicke von 0,15 mm validiert. Dabei werden 25 Wiederholmessungen durchgeführt. Jede dieser Messungen beinhaltet jeweils fünf Tape-Profilmessungen und -auswertungen. Nach jeder Messung wird das Tape von der Messrolle abgehoben.

Es zeigt sich, dass unter den gegebenen Toleranzen das Messsystem fähig ist, siehe Tabelle 6.2. Die Fähigkeitskennwerte zur Bestimmung der Tape-Breite und -Dicke sind über dem Grenzwert von 1,33. Es ist hierbei jedoch zu betrachten, dass anstelle eines Normals ein Referenzbauteil genutzt wurde und nicht sichergestellt werden kann, dass das Referenzteil stets an der gleichen Position gemessen wurde.

Tabelle 6.2: Fähigkeitskennwerte für Tape-Breiten und -Dickenmessung
Measurement ability for tape width and thickness

Parameter	Toleranz	Std.-Abw. s_g [mm]	Fähigkeitskennwert C_g
Tape-Breite	0,6	0,01991	1,51
Tape-Dicke	0,044	0,00156	1,41

Verfahren 3

Im Anschluss der erfolgreichen Durchführung des Verfahrens 1 wird das Verfahren 3 angewendet. Es wird beurteilt, ob die Messeinrichtung für die vorgesehene Anwendung geeignet ist. Dies geschieht durch die Verwendung von Produktionsteilen unter Betriebsbedingungen und der Berücksichtigung möglichst aller Einflüsse, wie zum

Beispiel Verschmutzungen, Oberflächeneinflüsse oder Temperatureinflüsse. Hierzu wird das Modell der balancierten einfachen Varianzanalyse (ANOVA) verwendet. Dabei wird die Annahme getroffen, dass sich jeder Messwert aus dem Gesamtmittelwert, dem Einfluss des Teils (Messobjekt) sowie dem Einfluss des Messmittels zusammensetzt. Zur Bestimmung des Messmitteleinflusses ist der Einfluss durch die Messobjekte zu minimieren. Das Vorgehen hierzu richtet sich nach dem Leitfaden zum „Fähigkeitsnachweis von Messsystemen". [DIET02]

Zuerst wird die Summe der quadratischen Abweichungen bei den Messungen pro Teil (Wiederholungen) ermittelt:

$$\sum E = \sum_{i=1}^{n} \sum_{j=1}^{k} \left(x_{ij} - \bar{x}_i\right)^2 \tag{6.6}$$

mit dem Mittelwert der Messungen pro Teil $\bar{x}_i$ bei n Teilen und k Messungen pro Teil. Damit wird die Stichprobenvarianz s_E^2 zur Bestimmung der Streuung des Messmittels berechnet:

$$s_E^2 = \frac{1}{f} \sum E \ mit\, Freiheitsgrad\, f = n * (k-1) \tag{6.7}$$

Die Wiederholpräzision des Messsystems EV (**E**quipment **V**ariation) bei einem Vertrauensniveau von 99 % ist folgend:

$$EV = 5{,}15 * s_E \tag{6.8}$$

Das Produkt von 5,15*s_E entspricht einem Anteil von 99% der Werte bei normalverteilter Grundgesamtheit. In Bezug auf die Referenzgröße, hier die Toleranz T_i oder alternativ auch die Teilstreuung PV, wird die prozentuale Wiederholpräzision %EV kalkuliert. Durch den automatisierten Betrieb gibt es keinen Einfluss des Prüfers. Somit ist die prozentuale Wiederholpräzision auch die Gesamtstreuung des Messsystems %R&R (**R**epeatability & **R**eproducibility).

$$\%R\&R = \%EV = \frac{EV}{T_i} * 100\ \% \tag{6.9}$$

Dieser Kennwert wird mit den Akzeptanzkriterien verglichen. Das Akzeptanzkriterium für neue Messsysteme liegt bei einem Wert ≤ 20 %. Wird das Kriterium übertroffen, %R&R > 20 %, gilt das Messsystem als nicht geeignet [DIET02]. Die Teilestreuung PV (**P**art **V**ariation) zeigt die Streuung zwischen den verschiedenen Teilen auf und berücksichtigt somit auch tatsächliche Teilecharakteristika. Diese wird über die Toleranz folgend bestimmt:

$$\sum T_i = k \sum_{i=1}^{n} (\bar{x}_i - \bar{x})^2 \tag{6.10}$$

mit $\bar{x}$ als Gesamtmittelwert. Die Stichprobenvarianz s_T^2 zur Streuung der Teile wird vergleichbar zur Messmittelstreuung berechnet:

$$s_T^2 = \frac{1}{f_T} \sum T\, mit\, dem\, Freiheitsgrad\, f_T = n - 1 \tag{6.11}$$

Die Teilestreuung PV bei einem Vertrauensniveau von 99 % ist folgend:

$$PV = 5{,}15 * \sqrt{VT} \quad mit\, VT = \frac{(s_T^2 - s_E^2)}{k} \tag{6.12}$$

VT stellt die Wechselwirkung von der Streuung des Messsystems und der Streuung in den Teilen dar. Im Rahmen des Verfahrens 3 werden sechs Tapes jeweils fünfmal vermessen. Da mit dem Messsystem nicht sichergestellt werden, kann die exakt gleiche Position auf dem Tape erneut zu vermessen, werden die sechs Messungen unmittelbar hintereinander durchgeführt. Für die Messungen von Tape-Breite und -Dicke ergeben sich die Ergebnisse wie in Tabelle 6.3.

Tabelle 6.3: Ergebnisse der Messsystemanalyse – Verfahren 3
Results of Measurement System Capability – Type 3

	Wiederholpräzision Messsystem EV	Teile-Streuung PV	Wiederhol- und Vergleichspräzision %R&R (bezogen auf Toleranz)	Wiederhol- und Vergleichspräzision %R&R (bezogen auf Teilestreuung)
Tape-Breite	0,0787	1,6595	19,7 %	4,7 %
Tape-Dicke	0,0009	0,0290	2,9 %	3,0 %

Es zeigt sich, dass bei einer Breitentoleranz von 0,4 mm das Akzeptanzkriterium von ≤ 20 % erfüllt wird. Bei Berücksichtigung der Teilestreuung ist die Gesamtstreuung des Messsystems (%R&R-Wert) noch niedriger. Dies ist auf die hohe Streuung der Teile zurückzuführen. Hinsichtlich der Tape-Dicke wird bei einer Dicken-Toleranz von 0,03 mm das Akzeptanzkriterium erfüllt. Das Messsystem wurde damit erfolgreich nach Verfahren 3 validiert.

Beurteilung der Linearität

Ziel der Linearitätsuntersuchung ist der Nachweis über die Linearität zwischen den wahren und den gemessenen Werten eines Merkmals. Die Linearität wird mit dem Messsystem an mehreren Prüfkörpern untersucht. Jeder Prüfkörper wird mehrmals gemessen. Es wird hierbei ermittelt, ob sich die systematische Messabweichung des Messsystems innerhalb von Grenzen bewegt, die für die Messung noch akzeptabel sind.

Bei der Linearität ist zwischen der linearen Abweichung von Tape-Dicke und -Breite zu unterscheiden. Für die Tape-Dicke kann über folgende Formel die Standardabweichung der Linearität berechnet werden [MICR17a]. Der Messbereich des Scanners bei der Tape-Dickenmessung ist die Tape-Dicke. Die größte Tape-Dicke beträgt ca. 250 µm, womit die maximale Linearitätsabweichung bestimmt werden kann zu:

$$u_{lin,Dicke,max} = 0{,}5 * 0{,}10\,\%\; des\; Messbereichs = 0{,}125\; \mu m \tag{6.13}$$

Für die Bestimmung der linearen Messabweichung bei der Tape-Breitenmessung werden Breitenmessungen an einem gebläuten Fühlerlehrenband mit 12,71 mm Breite durchgeführt Die lineare Messabweichung wird mittels einer Regressionsanalyse ermittelt. Hierzu wird eine lineare Regressionsfunktion angenommen und die Quadrate der Residuen werden nach der Methode kleinster Quadrate minimiert [WITT15]. Die Linearitätsabweichung beläuft sich auf $u_{lin,Breite}$ = 4 µm.

Fazit

Die Messsystemanalyse zeigt, dass die Tape-Breite und -Dicke mit dem Messsystem verlässlich bestimmt werden können. Darüber hinaus hat sich gezeigt, dass die Teilestreuung im Vergleich zur Messsystemstreuung hoch ist. Dies ist sowohl auf die Tapes als auch auf die Führung und Positionierung der Tapes bei der Messung zurückzuführen. Die Linearitätsabweichungen sind sowohl bei der Tape-Breitenmessung mit $u_{lin,Breite}$ = 4 µm und bei der Tape-Dickenmessung mit $u_{lin,Dicke}$ = 0,125 µm gering.

6.2.2 Messsystemanalyse für Oberflächenmessung

Measurement system analysis for surface measurement

Zusätzlich zur Bestimmung von Tape-Breite und -Dicke soll das Messsystem auch die Oberfläche messen. Bei der Oberflächenvermessung wird das Welligkeitsprofil erfasst, um Rückschlüsse zu den Verarbeitungsparametern herzustellen. Zur Verifizierung wird geprüft, ob unterschiedliche Oberflächen durch das Messsystem verlässlich differenziert werden können.

Daher wird untersucht, inwieweit sich unterschiedliche Tape-Oberflächen mit dem Messsystem detektieren lassen. Das Vorgehen orientiert sich dabei an der Messsystemanalyse. Hierzu wird das Messsystem einer Genauigkeitsanalyse unterzogen und die Prozessgrenzen ermittelt.

Genauigkeitsanalyse

Zur Verifikation des Messsystems wird ein Vergleich an Tapes durchgeführt. Das zu untersuchende Tape ist ein PA12-CF Tape mit einer Nennbreite von 25 mm. Die Ergebnisse einer taktilen Vermessung mit einem Messgerät von Taylor Hobson, Leicester, Vereinigtes Königkreich, sind in Tabelle 6.4 aufgezeigt. Die Grenzwellenlänge beträgt 2,5 µm.

Tabelle 6.4: Ergebnisse der taktilen Oberflächenvermessung
Results of tactile measurement

Arithmetische mittlere Rauheit Ra [µm]		Arithmetische mittlere Welligkeit Wa [µm]	
Mittelwert	Standardabweichung	Mittelwert	Standardabweichung
2,35	0,2264	6,70	2,0416

Zur optischen Vermessung des Tapes mit dem Messsystem wird an fünf verschiedenen Punkten bei einem Messpunktabstand von 2 m das Tape jeweils 50-mal vermessen und ausgewertet. Bei der Messung ist sicherzustellen, dass durch eine applizierte Tape-Spannung das Tape auf der Umlenkrolle aufliegt. Die Ergebnisse sind in Tabelle 6.5 aufgezeigt.

Das Tape lässt sich mit dem optischen Messsystem ohne Komplikationen vermessen und analysieren. Ähnlich zu der Breiten- und Dickenmessung zeigt sich auch hier, dass die einzelnen Messungen eine hohe Wiederholgenauigkeit aufweisen. Die Differenzen über die Messpunkte resultieren aus einer Schwankung des Tapes.

Tabelle 6.5: Ergebnisse der optischen Oberflächenvermessung
Results of optical measurement

Messung	Arithmetische mittlere Rauheit Ra [µm]		Arithmetische mittlere Welligkeit Wa [µm]	
	Mittelwert	Standard-abweichung	Mittelwert	Standard-abweichung
#1	12,71	0,0395	5,14	0,0230
#2	11,87	0,0343	4,91	0,0227
#3	11,98	0,0284	5,32	0,0421
#4	10,75	0,0264	4,16	0,0248
#5	10,62	0,0423	3,38	0,0407
Ø	11,59	-/-	4,58	-/-

6.3 Validierung des Messsystems

Validation of measurement system

In der Messsystemanalyse wurde geprüft ob das Messsystem den spezifizierten Anforderungen entspricht. Mit einer Validierung wird das Messsystem zusätzlich auf Tauglichkeit geprüft. Um den Einfluss verschiedener Faser- und Matrixmaterialien beurteilen zu können, werden unterschiedliche Tapes untersucht. Die Tapes werden bezüglich ihrer Breite, Dicke und Oberfläche vermessen. Des Weiteren wird geprüft wie die Prozessparameter den Tape-Eigenschaften anzupassen sind, sodass die notwendigen Prozesstemperaturen erreicht werden.

6.3.1 Messung unterschiedlicher Tapes

Measurement of different tapes

Zur Validierung des Messsystems bezüglich der Unterscheidbarkeit auf Basis der geometrischen Eigenschaften werden drei verschiedene Tapes vermessen. Hierbei handelt es sich um zwei PP/GF-Tapes und ein PA12/CF-Tape, siehe Bild 6.13. Die Messungen werden mit einer Abzugsgeschwindigkeit von 40 mm/s und einer anliegenden Tape-Spannung von 10 N durchgeführt. Der Lasersensor nimmt hierbei 5 Bilder auf im Abstand von 200 ms. Die Belichtungszeit beträgt pro Aufnahme 5 ms. Mit der Durchführung von Messungen werden Formabweichung, wie zum Beispiel eine Schräglage, direkt aus dem Profil herausgerechnet. [BUSC17]

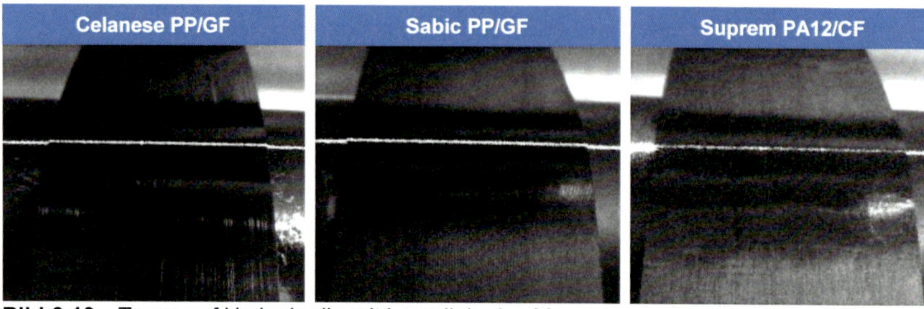

Bild 6.13: Tapes auf Umlenkrolle mit Laserlinie des Messsystems

Tapes on guiding roller with laser line of measurement system

Wie bereits erläutert können, z.B. durch Verunreinigungen oder Spiegelungen, fehlerbehaftete Messungen erzeugt werden. Bei den drei hier untersuchten Tapes sind insbesondere bei dem PA12/CF-Tape fehlerhafte Werte ersichtlich, siehe die erste Zeile in Bild 6.14 mit den Rohdaten.

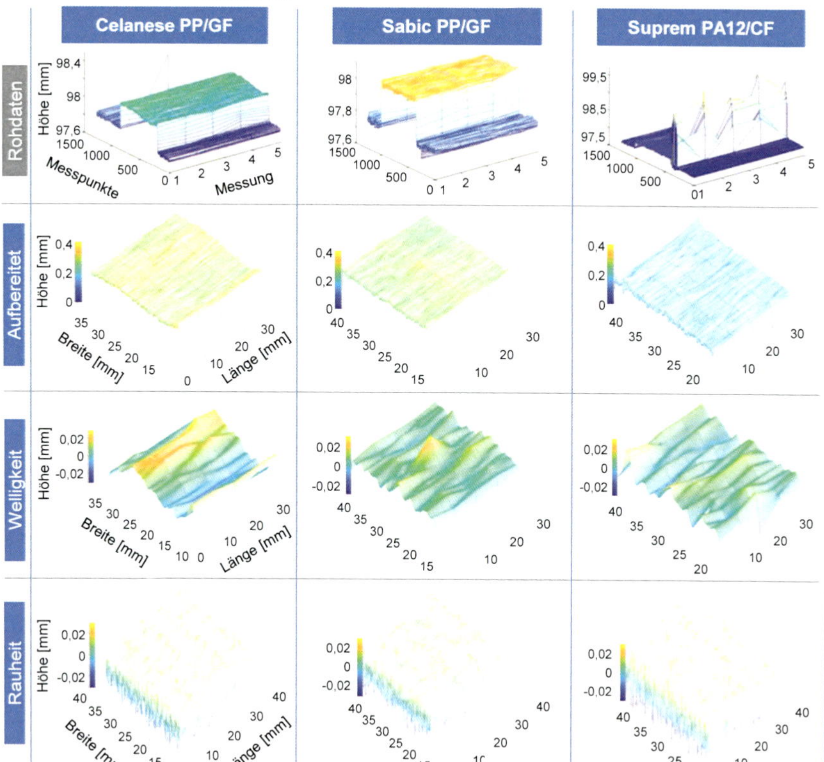

Bild 6.14: 3D-Plots auf Basis der Messergebnisse durch den Lasersensor

3D plots based on measurement results of laser sensor

Dementsprechend werden die Rohdaten zuerst aufbereitet. Mit der Aufbereitung sind keine offensichtlichen Fehler mehr ersichtlich und das Tape wird über die Tape-Kanten sauber erkannt, siehe Zeile #2 „Aufbereitet" in Bild 6.14. Auf Basis der aufbereiteten Sensordaten werden die Tape-Breite, -Dicke und Oberfläche bestimmt. Bei den 3D-Plots für die Welligkeit zeigen die Tapes jeweils eine eigene Charakteristik. Zum Beispiel zeigt das Celanese PP/GF-Tape eine wellenartiges Profil über die Breite. In der Rauheit sind auf Basis der 3D-Plots keine klaren Differenzen ersichtlich.

Bei genauerer Betrachtung von den Tape-Eigenschaften fällt auf, dass das PA/12CF sich in Breite und Dicke unterscheidet, siehe Bild 6.15. Hierbei ist zu bedenken, dass Tapes mit Kohlenstofffasern häufig eine Solldicke von etwa 0,15 mm aufweisen und Tapes mit Glasfasern eine Solldicke von circa 0,25 mm. Mit dem hier verwendeten Messsystem wird bei dem PA12/CF-Tape darüber hinaus eine höhere Rauheit festgestellt und bei dem Celanese PP/GF-Tape wird eine höhere Welligkeit gemessen, dies ist auch bereits in dem 3D-Plot in Bild 6.14 zu sehen.

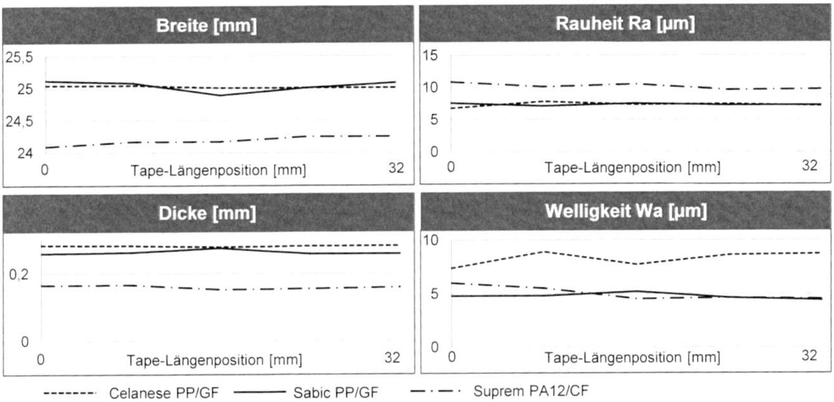

	Celanese PP/GF	Sabic PP/GF	Suprem PA12/CF
Tape-Breite [mm]	25,02 (0,0208)[1]	25,0344 (0,0907)	24,1832 (0,0636)
Tape-Dicke [mm]	0,28 (0,0018)	0,26 (0,0072)	0,16 (0,0061)
Tape-Rauheit Ra [µm]	7,28 (0,3701)	7,32 (0,2168)	10,16 (0,5459)
Tape-Welligkeit Wa [µm]	8,26 (0,6656)	4,76 (0,2966)	5,02 (0,6905)
[1]: Mittelwert: 25,02 (Standardabweichung: 0,0208)			

Bild 6.15: Auswertungen der Messergebnisse durch den Lasersensor

Analysis results of tape measurements

Die Ergebnisse zeigen ebenfalls durchweg konstante Verläufe an, wobei auch zu beachten ist, dass die Messungen nur über eine Strecke von 32 mm erfolgt sind. Um die Tape-Eigenschaften über die Tape-Länge zu beurteilen wird folgend ein Suprem PA12/CF Tape über eine Strecke von 10000 mm vermessen. In Bild 6.16 und ausgewertet. Dem aufbereiteten Scan des Tapes kann entnommen werden, dass das Tape leicht über die Rolle hin und her wandert und die Tape-Kanten sauber erkannt werden.

Die Tape-Breite und -Dicke haben über die Länge von 10 m Werte von 24,3 mm, respektive 0,176 mm und liegen damit leicht über den Ergebnissen aus der ersten Untersuchung. Ebenso ist die Schwankung bei diesen Messwerten ebenfalls höher mit 0,1078 mm und 0,0099 mm. Diese kann auf die längere Messstrecke zurückgeführt werden. Die Tape-Welligkeit ist hingegen mit 4,92 µm vergleichbar mit den Messungen über eine kürzere Strecke. Die Messung über eine Tape-Länge von 10.000 mm zeigen, dass die Tape-Eigenschaften der Breite, Dicke und Oberflächenparameter kontinuierlich erfasst werden können und als Eingangsgröße für eine adaptive Prozessregelung genutzt werden können.

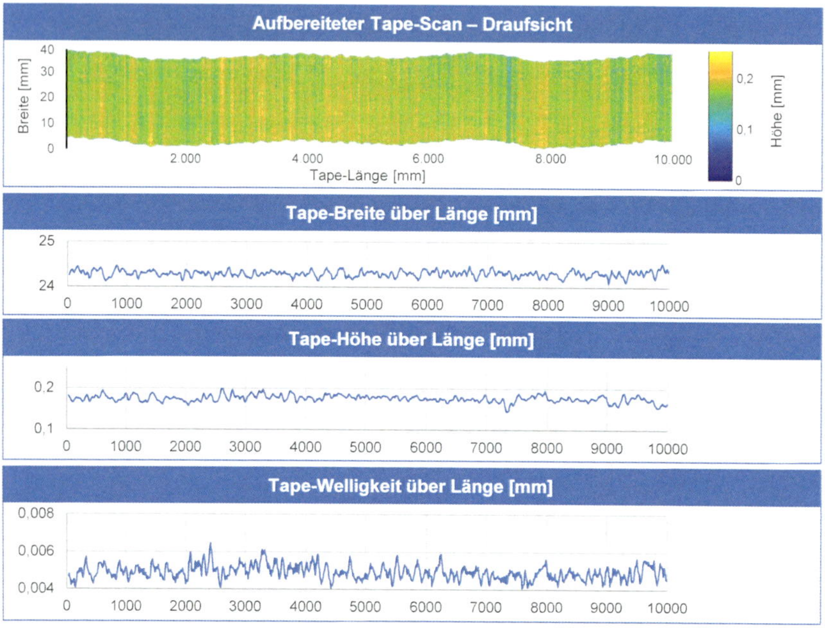

Bild 6.16: Kontinuierliche Messung und Auswertung eines Tapes

Continuous measurement of a tape

6.3.2 Einfluss von Tape-Eigenschaften auf Prozessparameter

Impact of tape characteristics on process parameters

Das primäre Ziel der Messung der Tape-Eigenschaften ist die Verbesserung der Laminateigenschaften, indem das Tape vor Ablage bewertet wird und eine Anpassung in den Prozessparametern möglich ist. Hierzu werden zwei vergleichbare PA12-CF-Tapes sowohl vermessen, als verarbeitet. Die Eigenschaften der Tapes können Tabelle 6.6 entnommen werden.

Tabelle 6.6: Technische Daten der verwendeten Tapes

Technical data of the tapes

Merkmal	Tape #1	Tape #2
Polymer	PA12 Typ: Evonik Vestamid© (Granulat)	PA12 Typ: Evonik Vestosint© 2159 (Pulver)
Verstärkungsfaser	Carbonfaser Typ: N/A	Carbonfaser Typ: Hexcel HS-CP-5000-AS4
Faservolumengehalt	50,00 %	55,00 %
Tape-Rauheit Ra	10,18 µm	11,59 µm
Tape-Welligkeit Wa	8,68 µm	4,58 µm

Die Tape-Rauheit und -Welligkeit wurde jeweils mit dem hier entwickelten Messsystem an fünf Messpunkten der jeweiligen Tape-Spule vermessen. Der Messpunktabstand beträgt zwei Meter und an jedem Messpunkt wurde das Tape fünfzig Mal gemessen und ausgewertet. Es zeigt sich, dass das Tape #1 eine geringere Rauheit bei einer höheren Welligkeit aufzeigt.

Wie bereits in Abschnitt 4.3.1 zur Identifizierung prozessrelevanter Einflussgrößen gezeigt wurde, beeinflusst die Oberfläche das Aufwärmverhalten des Tapes. Bei gleichen Prozessparametern werden die Tapes auf unterschiedliche Temperaturen aufgeheizt. So wird bei dem glatteren und welligeren Tape #1 die notwendige Prozesstemperatur nicht erreicht. Für die Aufheizung ist entsprechend mehr Energie notwendig.

Mit einer Prozessoptimierung wurden die jeweils optimalen Prozessparameter ermittelt, siehe Tabelle 6.7. Zur Erzielung der optimalen Prozesstemperatur von 220°C sind für das Tape #1 sowohl niedrigere Ablegegeschwindigkeiten, als auch höhere Strahlerleistungen notwendig. Hierbei ist zu beachten, dass die Oberflächeneigenschaften einen signifikanten Einfluss auf das Aufheizverhalten haben, aber auch weitere Tape-Eigenschaften das Aufheizverhalten beeinflussen.

Tabelle 6.7: Prozessparameter nach Optimierung

Process parameter after optimization

Parameter	Tape #1	Tape #2
Andruckkraft [N]	80	80
Ablegegeschwindigkeit [mm/min]	5.000	15.000
Strahlerleistungen [%]	80 80 90	35 35 45

6.4 Fazit zur Online Tape-Überwachung

Conclusion for online tape monitoring

In diesem Kapitel wurde ein Messsystem zur kontinuierlichen Tape-Überwachung beim Tape-Legen entwickelt. Das Messsystem umfasst die Integration des Lasersensors in ein bestehendes Tape-Legesystem und die Entwicklung von

Auswertealgorithmen zur Bestimmung elementarer Tape-Parameter, wie Tape-Breite, -Dicke und -Oberfläche. Das Messsystem wurde kalibriert und die Genauigkeit und Fähigkeit des Systems über Messsystemanalysen bestimmt. In einer anschließenden Validierung konnte gezeigt werden, dass die charakteristische Oberfläche eines Tapes mit den unidirektionalen Faserverstärkungen durch das hier entwickelte Messsystem erfasst und bewertet werden kann. Darüber hinaus wurde eine kontinuierliche Vermessung verschiedener Tapes erfolgreich aufgezeigt. Damit kann die zweite Teilforschungsfrage beantwortet werden. Eine integrierte Tape-Überwachung qualitätsbestimmender Eigenschaften während der Laminatablage ist demnach möglich. Somit liefert das Messsystem zur Tape-Überwachung einen Beitrag zur Qualitätssicherung beim Tape-Legen.

7 Zusammenfassung und Ausblick

Summary and Outlook

Anhand des Stands der Technik im Bereich der faserverstärkten Kunststoffe konnte das hohe Potenzial und Leistungsvermögen von Tapes dargelegt werden. Diese Potenziale lassen sich optimal durch automatisierte Ablageverfahren wie dem Tape-Legeverfahren nutzen. Es konnte ebenso gezeigt werden, dass das Tape-Legen für einzelne Bauteile genutzt wird, aber sich noch nicht flächig durchgesetzt hat. Dies liegt an aufwendigen Qualitätssicherungsmaßnahmen, welche die Wirtschaftlichkeit und herstellbaren Geometrien reduzieren. Nur durch eine verbesserte Qualität in der Verschweißungsgüte und Tape-Ablage können in Zukunft Bauteile in vielzähligen Anwendungen mit dem in-situ Tape-Legen hergestellt werden.

Ziel der Arbeit war, einen Beitrag zur Qualitätssicherung beim in-situ Tape-Legen komplexer Laminate zu leisten. Mit dem Grundgedanken einer wissensbasierten Prozessführung wurden zwei miteinander kombinierbare Ansätze entwickelt. Um komplexe Pfade mit hoher Qualität zu fertigen, wurde ein Ansatz entwickelt, welcher das Tape direkt vor der Ablage modifiziert. Mit dem zusätzlichen Ansatz zur kontinuierlichen Überwachung des einlaufenden Tapes wurde die Basis für adaptive Prozessführung auf Basis des zugeführten Materials entwickelt. Die Ansätze können in Kombination angewendet werden und ermöglichen damit den höchsten Nutzen.

Mit dem Ansatz zur effizienten Ablage kurviger Tape-Bahnen werden in einem, der Ablage vorgeschaltetem, Modul Tape-Kurven erzeugt. Durch ein kontinuierliches Verscheren der unidirektionalen Fasern ist es möglich, 25 mm breite Tapes mit einem Kurvenwinkel von 15,5° fehlerfrei und reproduzierbar herzustellen. Es wurde somit dargestellt, dass mit dem Tape-Twist Ansatz Kurven mit größerem Winkel, engerem Radius und breiteren Tapes als bisher realisierbar sind. Zur experimentellen Validierung des Ansatzes wurde ein Modul aufgebaut, welches sowohl als autarker Prüfstand als auch in einem Tape-Legesystem betrieben werden kann. Die festgestellten Abweichungen zu dem geometrischen Modell basieren primär auf den rheologischen Eigenschaften der Tapes, da die Viskosität der Matrix nicht ausreichend reduziert werden kann. Trotz der Temperaturen im Schmelzbereich der thermoplastischen Matrix sind hohe Scherkräfte notwendig, um die Fasern gegeneinander zu verscheren. Diese Scherkräfte können durch den nachgeschalteten Ablageprozess nicht auf das Tape aufgebracht werden, da ansonsten die Laminatqualität in Form von eingebrachten Eigenspannungen negativ beeinflusst wird.

Aufbauend auf dem Tape-Twist-Ansatz und -Modul ist die Fertigung von Demonstratorbauteilen anzustreben. Durch die Auswahl von Demonstratoren unterschiedlicher Dimensionen und Anwendungen, wie z.B. flächige Strukturen aus Luftfahrtanwendungen oder Einleger für Spritzgußkomponenten im Automobilbau, kann der Ansatz mit dem Stand der Technik auf Bauteilebene verglichen werden.

Zur Entwicklung des Ansatzes der kontinuierlichen Tape-Überwachung konnte in einer umfassenden Prozessanalyse der signifikante Einfluss des Tapes als Halbzeug auf die Bauteileigenschaften aufgezeigt werden. Das Tape definiert sowohl die maximal erzielbare Laminatgüte und möglichen Ablegepfade als auch die wirtschaftlichen Kenngrößen. Es konnte gezeigt werden, dass die Prozesszeiten für die Aufheizung und der Ausbildung des Lagenkontakts von dem Matrixwerkstoff sowie der Oberflächenbeschaffenheit von Tape und Substrat abhängen. So wurde bei zwei nominell gleichartigen Tapes ein stark unterschiedliches Aufheizverhalten beobachtet. Darüber hinaus schwanken die Tape-Eigenschaften wie Tape-Breite, -Dicke und -Oberfläche über die Länge und erfordern eine kontinuierliche Prozessregelung.

Durch die Integration eines Lasersensors in ein Tape-Legesystem wurde in dieser Arbeit eine In-Prozess Tape-Überwachung entwickelt. Mit dem Messsystem ist es möglich, das Tape kontinuierlich und online direkt vor Verarbeitung zu überwachen. Auswertealgorithmen bestimmen hier elementare Tape-Parameter, wie Tape-Breite, -Dicke und -Oberfläche. Das Messsystem wurde kalibriert und die Genauigkeiten und Fähigkeiten des Systems wurden über Messsystemanalysen bestimmt. Es konnte gezeigt werden, dass die charakteristischen Eigenschaften eines Tapes (Breite, Dicke und Oberfläche) durch das hier entwickelte Messsystem erfasst und bewertet werden können. Somit können unterschiedliche Tapes kontinuierlich und robust vermessen werden.

Die Prozessanalyse hat den Einfluss der Tape-Oberfläche auf die Aufheizung und die Ausbildung des Lagenkontakts aufgezeigt. Dieser ist in weiterführenden Arbeiten detaillierter auf ein potentielles Optimum zu untersuchen. Mit der Kenntnis des Optimums ist es möglich, sowohl kostengünstiger als auch qualitativ hochwertiger zu fertigen, wodurch sich die Wettbewerbsfähigkeit vom in-situ Tape-Legeprozess verbessert.

In weitergehenden Arbeiten ist der Einsatz des Messsystems zur Schaffung eines digitalen Abbilds des Tape-Legens und der hiermit gefertigten Bauteile möglich. Das Messsystem kann hierzu ortsaufgelöste Daten über das Halbzeug bereitstellen und einen Nachweis über die Tape-Eigenschaften im Bauteil erbringen. In Kombination mit den Prozessdaten lässt sich dadurch eine Aussage zur Bauteilqualität treffen. Im Kontext der In-Prozess-Messtechnik kann das Messsystem zur Detektion von weiteren Eigenschaften eingesetzt werden. Mit der Erfassung kritischer Defekte, z.B. Klebestellen im Tape oder mangelhafte Faserimprägnierungen, kann der Prozess frühzeitig unterbrochen werden. Hierdurch werden Defekte prädiktiv unterbunden.

Abschließend lässt sich feststellen, dass sowohl mit der Einbringung von Kurven in das Tape als auch mit der Überwachung des einlaufenden Tapes die Qualität komplexer, in-situ Tape-gelegter Bauteile nachhaltig gesteigert wird. Das Messsystem lässt sich darüber hinaus zur Erzeugung eines digitalen Abbilds in zukünftigen Arbeiten nutzen. Auf Basis dieser Arbeit können weitere Untersuchungen zum Einfluss der Tape-Oberflächenbeschaffenheit und des visko-elastischen Verhaltens auf den in-situ Tape-Legeprozess unternommen werden.

Summary and Outlook

The high potential and performance of tapes could be demonstrated on the basis of the state of the art in the field of fiber-reinforced plastics. This potential can be exploited best by automated placement processes such as the tape laying process. It could also be shown that tape laying is used for individual components, but has not yet become widespread. This is due to costly quality assurance measures which reduce economic efficiency and producible designs. In the future, it will only be possible to produce components in numerous applications with in-situ tape laying by improving the quality of welding and tape placement.

The aim of the thesis was to make a contribution to quality assurance in in-situ tape laying of complex laminates. With the basic idea of a knowledge-based process management, two combinable approaches were developed. In order to produce complex paths at high quality, an approach was developed which modifies the tape directly before placement. With the additional approach for continuous monitoring of the incoming tape, the foundation for adaptive process control was developed. The approaches can be used in combination and thus provide the highest benefit.

With the approach for the efficient deposition of curved tape paths, tape curves are generated in a module prior to the placement unit. By a continuous shearing of the unidirectional reinforced tapes it is possible to achieve a curve angle of 15.5° defect-free and reproducible with 25 mm wide tape. It was thus demonstrated that the Tape-Twist approach can be used to produce curves with a larger angle, tighter radius and wider tapes than before. For the experimental validation of the approach, a module was set up which can be operated both as a stand-alone test rig and in a tape laying system. The determined deviations from the geometric model are primarily based on the rheological properties of the tapes, since the viscosity of the matrix cannot be sufficiently reduced. Despite the temperatures in the melting range of the thermoplastic matrix, high shear forces are necessary to shear the fibers against each other. Due to the tape laying process these shear forces cannot be applied to the tape. Otherwise internal stresses occur in the laminate and its quality is negatively affected.

Based on the tape twist approach and module, the production of demonstrator components is to be aimed at. By selecting demonstrators of different dimensions and applications, e.g. flat structures from aerospace applications or inserts for injection-molded components in automotive engineering, the approach can be compared with the state of the art at component level. In addition, further investigations regarding the visco-elastic behavior are necessary for a more precise model. The potential results can also be applied to the tape laying process itself.

For the development of the continuous tape monitoring approach, a comprehensive process analysis showed the significant influence of the tape on the component properties. The tape defines both the maximum achievable laminate quality and possible laying paths as well as the economic parameters. It could be shown that the process times for heating and the contact development depend on the matrix material as well as the surface quality of tape and substrate. For two nominally similar tapes, for example, a very different heating behavior was observed. In addition, tape properties such as tape width, thickness and surface vary over the length and require continuous process control.

By integrating a laser sensor into a tape laying system, an in-process tape monitoring system was developed in this thesis. With the measuring system it is possible to continuously monitor the tape directly before processing. Evaluation algorithms determine elementary tape parameters such as tape width, thickness and surface. The measurement system was calibrated and the accuracy and capability of the system was determined by measurement system analysis. It could be shown that the characteristic properties of a tape (width, thickness and surface) can be detected and evaluated by the measuring system developed here. Thus different tapes can be measured continuously and robustly.

The process analysis showed the influence of the tape surface on the heating and the formation of the layer contact. This is to be examined in more detail for a potential optimum in further work. With the knowledge of the optimum, it is possible to produce both more cost-effectively and at higher quality, which improves the competitiveness of the in-situ tape laying process.

In further work it is possible to use the measuring system to create a digital twin of the tape laying process and the components produced with it. For this purpose, the measuring system can provide spatially resolved data on the semi-finished product and provide data of the tape properties in the component. In combination with the process data, this makes it possible to make a statement on component quality. In the context of in-process measurement technology, the measurement system can be used to detect further properties. With the detection of critical defects, e.g. adhesive spots in the tape or insufficient fiber impregnations, the process can be interrupted at an early stage. This predictively prevents defects in the component.

In conclusion, it can be stated that the quality of complex, in-situ tape-laid components is sustainably increased both by shearing and monitoring the incoming tape. The measuring system can also be used to generate a digital image for future work. Based on this work, further investigations on the influence of the tape surface quality and the visco-elastic behavior on the in-situ tape laying process can be undertaken.

8 Literaturverzeichnis

References

[ARKE19] Arkema: Tapes. URL: https://www.arkema.com/en/search/?query=tape&filter-section=/system/categories/section/products/ [Stand: 06.07.2019].

[AUDI18] Audi, Voith: Serienbauteil: CFK-Rückwand im Audi A8. URL: https://www.leichtbauwelt.de/serienbauteil-cfk-rueckwand-im-audi-a8/ [Stand: 21.06.2019].

[AZOM18] AZoM: E-Glass Fibre. URL: https://www.azom.com/properties.aspx?ArticleID=764 [Stand: 31.05.2018].

[BADE02] Bader, M. G.: Selection of composite materials and manufacturing routes for cost-effective performance. In: Composites Part A: Applied Science and Manufacturing. 33. Jg., 2002, Nr. 7, S. 913-934.

[BAEH13] Baehr, H. D.; Stephan, K.: Wärme- und Stoffübertragung. 8., aktualisierte Auflage. Berlin, Heidelberg: Springer Berlin Heidelberg, 2013.

[BANI81] Banichuk, N. V.: Optimization problems for elastic anisotropic bodies. In: Arch Mech. 33. Jg., 1981, S. 347-363.

[BANI95] Banichuk, N. V.; Saurin, V. V.; Barsuk, A. A.: Optimal orientation of orthotropic materials for plates designed against buckling. In: Structural Optimization. 10. Jg., 1995, 3-4, S. 191-196.

[BAST91] Bastien, L. J.; Gillespie, J. W.: A non-isothermal healing model for strength and toughness of fusion bonded joints of amorphous thermoplastics. In: Polymer Engineering and Science. 31. Jg., 1991, Nr. 24, S. 1720-1730.

[BERE02] Beresheim, G.: Thermoplast-Tapelegen. Ganzheitliche Prozessanalyse und -entwicklung. Als Ms. gedr. Kaiserslautern: IVW, 2002.

[BERN86] Berndt, G.; Hultzsch, E.; Weinhold, H.: Funktionstoleranz und Meßunsicherheit. In: Jenaer Rundsch.Jenaer Rundschau (Carl-Zeiss-Mitteilung) Berlin. 13. Jg., 1986, Nr. 5, S. 243-250.

[BIGG94] Biggers, S. B.; Pageau, S. S.: Shear buckling response of tailored composite plates. In: AIAA Journal. 32. Jg., 1994, Nr. 5, S. 1100-1103.

[BLOM08] Blom, A. W.; Setoodeh, S.; Hol, J. M.A.M.; Gürdal, Z.: Design of variable-stiffness conical shells for maximum fundamental eigenfrequency. In: Computers & Structures. 86. Jg., 2008, Nr. 9, S. 870-878.

[BLOM09a] Blom, A. W.; Tatting, B. F.; Hol, J. M.A.M.; Gürdal, Z.: Fiber path definitions for elastically tailored conical shells. In: Composites Part B: Engineering. 40. Jg., 2009, Nr. 1, S. 77-84.

[BLOM09b] Blom, A. W.; Lopes, C. S.; Kromwijk, P. J.; Gürdal, Z.; Camanho, P. P.: A Theoretical Model to Study the Influence of Tow-drop Areas on the Stiffness and Strength of Variable-stiffness Laminates. In: Journal of Composite Materials. 43. Jg., 2009, Nr. 5, S. 403-425.

[BLOM10] Blom, A. W.: Structural performance of fiber-placed, variable-stiffness composite conical and cylindrical shells. [S.l.]: [s.n.], 2010.

[BRAB15] Brabandt, D.; Lanza, G.: Data Processing for an Inline Measurement of Preforms in the CFRP-Production. In: 26th CIRP Design Conference. 33. Jg., 2015, S. 269-274.

[BRAC18] Brack, A.: Kontinuierliche Herstellung von miniaturisierten Endlosprofilen aus thermoplastischen Faserverbundkunststoffen. Dissertation. RWTH Aachen, 2018.

[BRAN91] Brandis, H.: Konzeption eines integrierten Tape-Legesystems für die Applikation nichtabwickelbarer Luftfahrzeugstrukturen aus faserverstärktem Kunststoff. Dissertation. Technische Universität München, 1991.

[BREC16] Brecher, C.; Buschhoff, C.; Emonts, M.: Continuous thermoforming of unidirectional fiber reinforced tapes for the manufacturing of 3D lightweight components. In: SAMPE 2016 Conference Proceedings. Long Beach. 23.-26 Mai, 2016.

[BREU14] Breuer, U.; Mitschang, P.: Einführung. In: Neitzel, M.; Mitschang, P.; Breuer, U. (Hrsg.): Handbuch Verbundwerkstoffe. Werkstoffe, Verarbeitung, Anwendung. 2., aktualisierte und erw. Aufl., [elektronische Ressource]. München: Hanser, 2014.

[BRIN12] Brink, W. van den; Vankan, W.; Maas, R.: Buckling-optimized variable stiffness laminates for a composite fuselage window section. In: 28th International Congress Aeronaut. Science. Brisbane, 2012.

[BRIN17] Brink, W. van den; Bruins, R.; Groenendijk; Lantermans, P.; Maas, R.: Fibre steered skin design of composite thermoplastic horizontal stabilizer torsion box, 2017.

[BUSC17] Buschhoff, C.; Schäkel, M.; Janssen, H.; Brecher, C.: Continuous assessment of geometrical properties from unidirectional fiber reinforced tapes. In: SAMPE Europe Conference 2017. Stuttgart. 14.-16. November. Stuttgart, 2017.

[BUTL98] Butler, C. A.; Mccullough, R. L.; Pitchumani, R.; Gillespie, J. W.: An Analysis of Mechanisms Governing Fusion Bonding of Thermoplastic Composites. In: Journal of Thermoplastic Composite Materials. 11. Jg., 1998, Nr. 4, S. 338-363.

[CEME15] Cemenska, J.; Rudberg, T.; Henscheid, M.: Automated In-Process Inspection System for AFP Machines. In: SAE International Journal of Aerospace. 8. Jg., 2015, Nr. 2.

[CEME17] Cemenska, J.; Rudberg, T.; Henscheid, M.; Lauletta, A.; Davis, B.: AFP Automated Inspection System Performance and Expectations. In: . SEP. 26, 2017: SAE International400 Commonwealth Drive, Warrendale, PA, United States, 2017.

[CHAT15] Chatzimichali, A. P.; Potter, K. D.: From composite material technologies to composite products. A cross-sectorial reflection on technology transitions and production capability. In: Translational Materials Research. 2. Jg., 2015, Nr. 2, S. 26001.

[CHER16] Cherif, C.: Textile materials for lightweight constructions. Technologies - methods - materials - properties. Heidelberg: Springer, 2016.

[CLAN18] Clancy, G. J.; Peeters, D. M.J.; Oliveri, V.; Jones, D.; O'Higgins, R.; Weaver, P. M.: Steering of Carbon Fiber/Thermoplastic Pre-preg Tapes using Laser-Assisted Tape Placement. In: 2018 AIAA/ASCE/AHS/ASC Structures, Structural Dynamics, and Materials Conference. Kissimmee, Florida. Reston, Virginia: American Institute of Aeronautics and Astronautics, 2018, S. 2353.

[COGS92] Cogswell, F. N.: Thermoplastic aromatic polymer composites. A study of the structure, processing and properties of carbon fibre reinforced polyetheretherketone and related materials. Oxford [u.a.]: Butterworth-Heinemann, 1992.

[CYTE12] Cytec: PEKK Thermoplastic Polymer. Technical Data Sheet, 2012.

[DARA85] Dara, P. H.; Loos, A. C.: Thermoplastic matrix composite processing model. Blacksburg, 1985.

[DIEF17] Dieffenbacher: Tailored blank line with Fiberforge and Fibercon systems. URL: https://www.dieffenbacher.de/upload/downloads/Brochure_Fiberforge_Fibercon_2017.pdf [Stand: 21.06.2019].

[DIET02] Dietrich, E.: Leitfaden zum "Fähigkeitsnachweis von Messsystemen". Birkenau, 2002.

[DIET15] Dietrich, E.; Radeck, M.: Prüfprozesseignung nach VDA 5 und ISO 22514-7. 1. Aufl. München: Hanser, 2015.

[DIET17] Dietrich, E.; Schulze, A.: Eignungsnachweis von Prüfprozessen. 5., überarbeitete Auflage. München: Hanser, 2017.

[DIN10] Norm DIN EN ISO 4287:2010-07 (2010). Norm. Geometrische Produktspezifikation (GPS) - Oberflächenbeschaffenheit: Tastschnittverfahren - Benennungen, Definitionen und Kenngrößen der

Oberflächenbeschaffenheit (ISO 4287:1997 + Cor 1:1998 + Cor 2:2005 + Amd 1:2009); Deutsche Fassung EN ISO 4287:1998 + AC:2008 + A1:2009.

[DIN15] Norm DIN EN ISO 9001:2015-11 (2015). Norm. Qualitätsmanagementsysteme - Anforderungen (ISO 9001:2015).

[DIN82] Norm DIN 4760:1982-06 (1982). Norm. Gestaltabweichungen; Begriffe, Ordnungssystem.

[DIN91] Norm DIN 29971:1991-09 (09.1991). Luft- und Raumfahrt; Unidirektionalgelege-Prepreg aus Kohlenstoffasern und Epoxidharz; Technische Lieferbedingungen.

[DOMI12] Domininghaus, H.; Elsner, P.; Eyerer, P.; Hirth, T.: Kunststoffe. Berlin, Heidelberg: Springer Berlin Heidelberg, 2012.

[DSM19] DSM: UD tapes. Light weighting through composites. URL: https://www.dsm.com/markets/engineering-plastics/en/science/design/ud-tapes.html [Stand: 06.07.2019].

[DUVA00] Duvaut, G.; Terrel, G.; Léné, Verijenko, V.E.: Optimization off fiber reinforced composites. In: Composite structures. 48. Jg., 2000, S. 83-89.

[EHLE98] Ehlers, C.: Beitrag zur Qualitätssicherung bei der Verarbeitung kontinuierlich faserverstärkter Thermoplaste. Düsseldorf, VDI-Verlag, 1998.

[EHRE06] Ehrenstein, G. W.: Faserverbund-Kunststoffe. Werkstoffe - Verarbeitung - Eigenschaften. 2., völlig überarbeitete Auflage. München, Wien: Hanser, 2006.

[ERMA07] Ermanni, P.: Composites Technologien. Skript zur ETH-Vorlesung. ETH Zürich, 2007.

[ESCH01] Esche, R. v. d.: Herstellung langfaserverstärkter Thermoplastbauteileunter Zuhilfenahme von Hochleistungslasern als Wärmequelle. Dissertation. RWTH Aachen, 2001.

[FLEM96] Flemming, M.; Ziegmann, G.; Roth, S.: Faserverbundbauweisen. Halbzeuge und Bauweisen. Berlin: Springer, 1996.

[FOUI18] Fouillat, S.: Arkema and Barrday, Inc. join forces to manufacture high performance composite solutions for the oil and gas market, 2018.

[FUNC96] Funck, R.: Entwicklung innovativer Fertigungstechniken zur Verarbeitung kontinuierlich faserverstärkter Thermoplaste im Wickelverfahren. Als Ms. gedr. Düsseldorf: VDI-Verl., 1996. Zugl.: Kaiserslautern, Univ., Diss., 1996.

[GAND90] Gandhi, M. V.; Thompson, B. S.; Fischer, F.: Manufacturing-process-driven design methodologies for components fabricated in composite materials. In: Composites Manufacturing. 1. Jg., 1990, Nr. 1, S. 32-40.

[GARD18] Gardinier, G.: Consolidating thermoplastic composite aerostructures in place. Part 2, 2018.

[GEDD99] Gedde, U. W.: Polymer physics. Second edition?]. Dordrecht, Netherlands, Norwell, MA.: Kluwer Academic Publ, 1999.

[GENN71] Gennes, P. G. de: Reptation of a Polymer Chain in the Presence of Fixed Obstacles. In: The Journal of Chemical Physics. 55. Jg., 1971, Nr. 2, S. 572-579.

[GIBS92] Gibson, A. G.; Månson, J.-A.: Impregnation technology for thermoplastic matrix composites. In: Composites Manufacturing. 3. Jg., 1992, Nr. 4, S. 223-233.

[GROU12] Grouve, W.: Weld strength of laser-assisted tape-placed thermoplastic composites, 2012.

[GRUB12] Gruber, M.; Lockwood, I.; Dolan, T.; Funck, S.; Tierney, J.; Simacek, P.; Gillespie, J. W.; Advani, S. G.: Thermoplastic In Situ Placement Requires Better Impregnated Tapes and Tows. In: SAMPE 2012. Conference Paper. Baltimore. 21-24 May 2012, 2012.

[GUIL19] Guillon, D.; Friant, Y.; Poitevin, L.: Measuring thermoplastic prepreg tape quality for part process control. Low-cost tests measuring dimensions, thermal behavior and consolidation predict CFRTP part quality. URL: https://www.compositesworld.com/blog/post/measuring-thermoplastic-prepreg-tape-quality-for-part-process-control [Stand: 14.07.2019].

[GÜRD08] Gürdal, Z.; Tatting, B. F.; Wu, C. K.: Variable stiffness composite panels. Effects of stiffness variation on the in-plane and buckling response. In: Composites Part A: Applied Science and Manufacturing. 39. Jg., 2008, Nr. 5, S. 911-922.

[GÜRD93] Gürdal, Z.; Olmendo, R.: In-plane response of laminates with spatially varying fiber orientations - Variable stiffness concept. In: AIAA Journal. 31. Jg., 1993, Nr. 4, S. 751-758.

[HALB12] Halbritter, A.; Harper, R.: Big Parts Demand Big Changes to the Fiber Placement Status Quo, 2012.

[HENN11] Henning, F.; Moeller, E. (Hrsg.): Handbuch Leichtbau. Methoden, Werkstoffe, Fertigung. München: Hanser, 2011.

[HEXC99] Hexcel: HexWeb Honeycomb - Attributes and Properties. A comprehensive guide to standard Hexcel honeycomb materials, configurations, and mechanical properties, 1999.

[HINK96] Hinkley, J. A.; Marchello, J. M.; Messier, B. C.: Thermoplastic Ribbon-Ply Bonding Model. NASA Technical Memorandum 110203. Hampton, Virginia, 1996.

[HÖRM16] Hörmann, P.: Thermoset automated fibre placement - on steering effects and their prediction. Dissertation. Technische Universität München, 2016.

[HVBG07] HVBG: DGUV Vorschrift 11 DA - Durchführungsanweisungen zur BG-Vorschrift Laserstrahlung. (bisher: BGV B2 DA). Köln, 2007.

[IATF16] Norm IATF 16949:2016-10 (2016). Technische Regel. Anforderungen an Qualitätsmanagementsysteme für die Serien- und Ersatzteilproduktion in der Automobilindustrie.

[IMKA12] Imkamp, D.; Schmitt, R.; Berthold, J.: Blick in die Zukunft der Fertigungsmesstechnik. In: tm - Technisches Messen. 79. Jg., 2012, Nr. 10, S. 433-439.

[JANS17] Janssen, H.; Peters, T.; Brecher, C.: Efficient Production of Tailored Structural Thermoplastic Composite Parts by Combining Tape Placement and 3d Printing. In: 26th CIRP Design Conference. 66. Jg., 2017, S. 91-95.

[JEGL05] Jegley, D.; Tatting, B. F.; Gürdal, Z.: Tow-Steered Panels with Holes Subjected to Compression or Shear Loading. In: 46th AIAA/ASME/ASCE/AHS/ASC Structures, Structural Dynamics and Materials Conference. Austin. 2005, 2005.

[JENO15] Jenoptik: Rauheitsmesssysteme von Jenoptik Oberflächenkenngrößen in der Praxis, 2015.

[JENS12] Jensen, B. J.; Kinney, M.; Cano, R.; Grimsley, B. (Hrsg.): Materials for Heated Head Automated Thermoplastic Tape Placement, 2012.

[JOVE] Joven, R.: Thermal properties of carbon fiber/epoxy composites with different fabric weaves: SAMPE International Symposium Proceedings.

[KARA92] Karandikar, H.; Mistree, F.: Designing a composite material pressure vessel for manufacture. A case study in concurrent engineering. In: Engineering Optimization. 18. Jg., 1992, Nr. 4, S. 235-262.

[KARG14] Karger-Kocsis, J.: Werkstoffe. In: Neitzel, M.; Mitschang, P.; Breuer, U. (Hrsg.): Handbuch Verbundwerkstoffe. Werkstoffe, Verarbeitung, Anwendung. 2., aktualisierte und erw. Aufl., [elektronische Ressource]. München: Hanser, 2014.

[KARG96] Karger-Kocsis, J.: Composites. Structure, Properties, Manufacturing. In: Salamone, J. C. (Hrsg.): Polymeric materials encyclopedia. Boca Raton: Crc Press, 1996.

[KEIL17] Keil, U.: VESTAPE – das neue UD-Tape von Evonik, 2017.

[KERM15] Kermer-Meyer, A.: Formhaltige und komplexe Laminatstrukturen in Thermoplast-Tapelegeverfahren. Aachen: Apprimus Wissenschaftsverlag, 2015.

[KESS06] Kessler, R. W.: Strategien für wissensbasierte Produkte und Verfahren. In: Kessler, R. W. (Hrsg.): Prozessanalytik. Strategien und Fallbeispiele aus der industriellen Praxis. Weinheim: Wiley-VCH, 2006.

[KEYE18] Keyence: What is a "position" recognition type laser sensor? | Sensor Basics: Principle-based Guide to Factory Sensors | KEYENCE. URL: https://www.keyence.com.sg/ss/products/sensor/sensorbasics/laser_location/info/ [Stand: 07.05.2018].

[KHAN10] Khan, M. A.: Experimental and simulative description of the thermoplastic tape placement process with online consolidation. Als Ms. gedr. Kaiserslautern: IVW, 2010.

[KHAN13] Khan, M. A.; Mitschang, P.; Schledjewski, R.: Parametric study on processing parameters and resulting part quality through thermoplastic tape placement process. In: Journal of Composite Materials. 47. Jg., 2013, Nr. 4, S. 485-499.

[KÖLZ08] Kölzer, P.: Temperaturerfassungssystem und Prozessregelung des laserunterstützten Wickelns und Tapelegens von endlos faserverstärkten thermoplastischen Verbundkunststoffen. Aachen: Shaker, 2008. Zugl.: Aachen, Techn. Hochsch., Diss, 2008.

[KOTT03] Kotterba, B.: Prüfmittelmanagement. Planen, Überwachen, Organisieren und Verbessern von Prüfprozessen. 2. Aufl. Berlin: Beuth, 2003.

[KROM12] Krombholz, C.: Improving the production quality of the advanced automated fiber placement process by means of online path correction: International Congress of the aeronautical sciences, 2012.

[KROP17] Kropka, M.; Muehlbacher, M.; Neumeyer, T.; Altstaedt, V.: From UD-tape to Final Part – A Comprehensive Approach Towards Thermoplastic Composites. In: Procedia CIRP. 66. Jg., 2017, S. 96-100.

[KRÜG12] Krüger, O.: Kunststoffe. In: Bargel, H.-J.; Schulze, G. (Hrsg.): Werkstoffkunde. Berlin, Heidelberg: Springer Berlin Heidelberg, 2012.

[LANG99] Langley, P.: Finite Element Modeling of Tow-Placed Variable-Stiffness Composite Laminates. Masters Theses. Virginia Polytechnic Institute and State University, 1999.

[LATR03] Latrille, M.: Prozessanalyse und -simulation von Verarbeitungsverfahren für faserverstärkte thermoplastische Bändchenhalbzeuge. Als Ms. gedr. Kaiserslautern: IVW, 2003. Zugl.: Kaiserslautern, Univ., Diss., 2003.

[LEE87] Lee, W. I.; Springer, G. S.: A Model of the Manufacturing Process of Thermoplastic Matrix Composites. In: Journal of Composite Materials. 21. Jg., 1987, S. 1017-1055.

[LENG14] Lengsfeld, H.; Wolff-Fabris, F.; Krämer, J.; Lacalle, J.; Altstädt, V.: Faserverbundwerkstoffe. Prepregs und ihre Verarbeitung. München: Hanser, 2014.

[LEVY14] Levy, A.; Heider, D.; Tierney, J.; Gillespie, J. W.: Inter-layer thermal contact resistance evolution with the degree of intimate contact in the processing of thermoplastic composite laminates. In: Journal of Composite Materials. 48. Jg., 2014, Nr. 4, S. 491-503.

[LÖSI] Lösing: Schneideservice für Carbontape und Carbon. URL: https://www.loesing-herford.de/materialien/carbon-schneiden/ [Stand: 20.06.2019].

[LOZA15] Lozano, G. G.; Tiwari, A.; Turner, C.; Astwood, S.: A review on design for manufacture of variable stiffness composite laminates. In: Proceedings of the Institution of Mechanical Engineers, Part B: Journal of Engineering Manufacture, 2015.

[LUKA12] Lukaszewicz, D. H.-J.A.; Ward, C.; Potter, K. D.: The engineering aspects of automated prepreg layup. History, present and future. In: Composites Part B: Engineering. 43. Jg., 2012, Nr. 3, S. 997-1009.

[MARO16] Marouene, A.; Boukhili, R.; Chen, J.; Yousefpour, A.: Buckling behavior of variable-stiffness composite laminates manufactured by the tow-drop method. In: Composite structures. 139. Jg., 2016, S. 243-253.

[MERS13] Mersmann, C.: Industrialisierende Machine-Vision-Integration im Faserverbundleichtbau. 1. Aufl. s.l.: Apprimus Wissenschaftsverlag, 2013.

[MICR15] Micro-Epsilon: Betriebsanleitung scanCONTROL 29xx Laser-Scanner (Laser-Profil-Sensoren). Ortenburg, 2015.

[MICR17a] Micro-Epsilon: scanCONTROL. 2D/3D Laser-Scanner (Laser-Profil-Sensoren). Ortenburg, 2017.

[MICR17b] Micro-Epsilon: Kalibrierprotokoll. scanCONTROL, 2017.

[NEIT14] Neitzel, M.; Mitschang, P.; Breuer, U. (Hrsg.): Handbuch Verbundwerkstoffe. Werkstoffe, Verarbeitung, Anwendung. 2., aktualisierte und erw. Aufl., [elektronische Ressource]. München: Hanser, 2014.

[NIK12] Nik, A. M.; Fayazbakhsh, K.; Pasini, D.; Lessard, L.: Surrogate-based multi-objective optimization of a composite laminate with curvilinear fibers. In: Composite structures. 94. Jg., 2012, Nr. 8, S. 2306-2313.

[NIK14] Nik, A. M.; Fayazbakhsh, K.; Pasini, D.; Lessard, L.: Optimization of variable stiffness composites with embedded defects induced by

Automated Fiber Placement. In: Composite structures. 107. Jg., 2014, S. 160-166.

[OLIV18] Oliveri, V.; Peeters, D.; Clancy, G. J.; Jones, D.; O'Higgins, R.; Weaver, P. M.: Design, optimization and manufacturing of a unitized carbon fiber/thermoplastic wingbox structure. In: 2018 AIAA/ASCE/AHS/ASC Structures, Structural Dynamics, and Materials Conference. Kissimmee, Florida. Reston, Virginia: American Institute of Aeronautics and Astronautics, 2018, S. 1145.

[OLIV19] Oliveri, V.; Zucco, G.; Peeters, D.; Clancy, G.; Telford, R.; Rouhi, M.; McHale, C.; O'Higgins, R. M.; Young, T. M.; Weaver, P. M.: Design, Manufacture and Test of an In-Situ Consolidated Thermoplastic Variable-Stiffness Wingbox. In: AIAA Journal. 57. Jg., 2019, Nr. 4, S. 1671-1683.

[OLME93] Olmendo, R.; Gürdal, Z.: Buckling response of laminates with spatially varying fiber orientations. In: 34th Structures, Structural Dynamics and Materials Conference. La Jolla,CA,U.S.A. 19 April 1993 - 22 April 1993. Reston, Virigina: American Institute of Aeronautics and Astronautics, 1993, S. 798.

[PART05] Parton, H.; Verpoest, I.: In situ polymerization of thermoplastic composites based on cyclic oligomers. In: Polymer Composites. 26. Jg., 2005, Nr. 1, S. 60-65.

[PEDE91] Pedersen, P.: On thickness and orientational design with orthotropic materials. In: Structural Optimization. 3. Jg., 1991, Nr. 2, S. 69-78.

[PEDE93] Pedersen, P.: Optimal Orientation of Anisotropic Materials Optimal Distribution of Anisotropic Materials Optimal Shape Design with Anisotropic Materials Optimal Design for a Class of Non-Linear Elasticity. In: Rozvany, G. I. N. (Hrsg.): Optimization of Large Structural Systems. Dordrecht: Springer Netherlands, 1993.

[PEET15] Peeters, D. M.J.; van Baalen, D.; Abdallah, M.: Combining topology and lamination parameter optimisation. In: Structural and Multidisciplinary Optimization. 52. Jg., 2015, Nr. 1, S. 105-120.

[PEET19] Peeters, D. M.J.; Irisarri, F.-X.; Groenendijk, C.; Růžek, R.: Optimal design, manufacturing and testing of non-conventional laminates. In: Composite structures. 210. Jg., 2019, S. 29-40.

[POTT08] Potter, K. D.; Khan, B.; Wisnom, M. R.; Bell, T.; Stevens, J.: Variability, fibre waviness and misalignment in the determination of the properties of composite materials and structures. In: Composites Part A: Applied Science and Manufacturing. 39. Jg., 2008, Nr. 9, S. 1343-1354.

[PREM18] Premium Aerotec: A full-scale A320 pressure bulkhead demonstrator. URL: http://www.jeccomposites.com/knowledge/international-composites-news/full-scale-a320-pressure-bulkhead-demonstrator [Stand: 07.08.2018].

[ROPO05] Ropohl, G.: Allgemeine Systemtheorie als transdisziplinäre Integrationsmethode: Technikfolgenabschätzung - Theorie und Praxis 2, 2005.

[RUDB14] Rudberg, T.; Nielson, J.; Henscheid, M.; Cemenska, J.: Improving AFP Cell Performance. In: SAE International Journal of Aerospace. 7. Jg., 2014, Nr. 2, S. 317-321.

[SABI17] Sabido, A.; Bahamonde, L.; Harik, R.; Tooren, M. J.L. van: Maturity assessment of the laminate variable stiffness design process. In: Composite structures. 160. Jg., 2017, S. 804-812.

[SABI19] SABIC: Quality + Performance. URL: https://www.frt.sabic.com/ [Stand: 06.07.2019].

[SAPU14] Sapuan, S. M.; Mansor, M. R.: Concurrent engineering approach in the development of composite products. A review. In: Materials & Design. 58. Jg., 2014, S. 161-167.

[SCHA17] Schaefer, P. M.; Guglhoer, T.; Sause, M. G.R.; Drechsler, K.: Development of intimate contact during processing of carbon fiber reinforced Polyamide-6 tapes. In: Journal of Reinforced Plastics and Composites, 2017, S. 073168441668704.

[SCHL06] Schledjewski, R.; Schlarb, Alois K. H: Thermoplastic Tape Placement Process Challenges On The Way To A Fully Automated Lay-Up Of Complex Shaped Parts. In: SAMPE 2006. Long Beach. Apr 30-May 4 2006, 2006.

[SCHL07] Schledjewski, R.; Schlarb, Alois K. H: In-Situ Consolidation Of Thermoplastic Tape Material Effects Of Tape Quality On Resulting Part Properties. In: SAMPE 2007. Baltimore, 2007.

[SCHL09] Schledjewski, R.; Miaris, A.: Thermoplastic tape placement by means of diode laser heating. In: Proceedings of SAMPE International Symposium. Baltimore, 2009.

[SCHL12] Schledjewski, R.: Placement technologies for manufacturing of high performance structural components, 2012.

[SCHL17] Schlegel, K.; Parlevliet, P.; Weimer, C.; Schuster, A.; Kupke, M.: Inprocess quality control for automated fiber lay-up. In: SAMPE Europe Conference 2017. Stuttgart. 14.-16. November. Stuttgart, 2017.

[SCHL18] Schledjewski, R.: Inline Control of Tape Width during Automated Tape Placement. In: ECCM18. Athens. 24-28 June 2018, 2018.

[SCHM08] Schmitt, R.; Damm, B. E.: Prüfen und Messen im Takt. Wie sie mit Inline-Messtechnik ihre Wertschöpfung maximieren. In: QZ, 2008, Nr. 9.

[SCHM10a] Schmitt, R.; Pfeifer, T.: Qualitätsmanagement. Strategien, Methoden, Techniken. 4., vollst. überarb. Aufl. s.l.: Carl Hanser Fachbuchverlag, 2010.

[SCHM10b] Schmitt, R.; Mersmann, C.; Damm, B.: In-process 3D laser measurement to control the fiber tape-laying for composite production. In: Optics, Photonics, and Digital Technologies for Multimedia Applications. Brussels, Belgium. Monday 12 April 2010: SPIE, 2010.

[SCHM17] Schmidt, C.; Denkena, B.; Hocke, T.; Völtzer, K.: Influence of AFP Process Parameters on the Temperature Distribution Used for Thermal in-process Monitoring. In: Procedia CIRP. 66. Jg., 2017, S. 68-73.

[SCHÜ07] Schürmann, H.: Konstruieren mit Faser-Kunststoff-Verbunden. 2., bearbeitete und erw. Aufl. Berlin, Heidelberg: Springer-Verlag Berlin Heidelberg, 2007.

[SCHU08] Schuster, J.; Heider, D.; SHARP, K.; GLOWANIA, M.: Thermal conductivities of three-dimensionally woven fabric composites. In: Composites Science and Technology. 68. Jg., 2008, Nr. 9, S. 2085-2091.

[SCHW04] Schwaninger, M.: Systemtheorie. Eine Einführung für Führungskräfte, Wirtschafts- und Sozialwissenschaftler. 3. Aufl. St.Gallen, 2004. Erweiterte Fassung des Beitrags 'Systemtheorie' zum Handwörterbuch der Produktionswirtschaft.

[SLAN16] Slange, T. K.; Warnet, L. L.; Grouve, W. J. B.; Akkerman, R.: Influence of preconsolidation on consolidation quality after stamp forming of C/PEEK composites. In: . Nantes, France. 27–29 April 2016, 2016, S. 170022.

[SONM17] Sonmez, F. O.: Optimum Design of Composite Structures: A Literature Survey (1969–2009). In: Journal of Reinforced Plastics and Composites. 36. Jg., 2017, Nr. 1, S. 3-39.

[SONM97] Sonmez, F. O.; Hahn, H. T.: Analysis of the On-Line Consolidation Process in Thermoplastic Composite Tape Placement. In: Journal of Thermoplastic Composite Materials. 10. Jg., 1997, Nr. 6, S. 543-572.

[STEY13] Steyer, M.: Laserunterstütztes Tapelegeverfahren zur Fertigung endlosfaserverstärkter Thermoplastlaminate. 1. Aufl. Aachen: Apprimus-Verl., 2013. Zugl.: Aachen, Techn. Hochsch., Diss., 2012.

[STOK13] Stokes-Griffin, C. M.; Compston, P.; Matuszyk, T. I.; Cardew-Hall, M. J.: Thermal modelling of the laser-assisted thermoplastic tape placement process. In: Journal of Thermoplastic Composite Materials, 2013.

[STOK15] Stokes-Griffin, C. M.; Compston, P.: A combined optical-thermal model for near-infrared laser heating of thermoplastic composites in an automated tape placement process. In: Composites Part A: Applied Science and Manufacturing. 75. Jg., 2015, S. 104-115.

[SURA18] Suragus: Gap Monitor for Inline Detection of Hidden Gaps. Data Sheet - EddyCus CF Inline. Dresden, 2018.

[TATT02] Tatting, B. F.; Gürdal, Z.: Design and manufacture of elastically tailored tow placed plates, 2002.

[TIER03] Tierney, J.; Gillespie, J. W.: Modeling of Heat Transfer and Void Dynamics for the Thermoplastic Composite Tow-Placement Process. In: Journal of Composite Materials. 37. Jg., 2003, Nr. 19, S. 1745-1768.

[TOOR15] Tooren, M. J.L. van; Elham, A.; Harik, R.; Uddin, A.: Optimal variable stiffness distribution for a composite plate with a row of holes subjected to tension/shear load cases. In: 16th AIAA/ISSMO Multidisciplinary Analysis and Optimization Conference. Dallas, 2015.

[TUIL18] TU Ilmenau: Grundlagen der Weißlichtinterferometrie. URL: https://www.tu-ilmenau.de/gdv/forschung/projekte/3d-topographiemes-stechnik-weisslichtinterferometrie/grundlagen-der-weisslichtinterferometrie/ [Stand: 07.05.2018].

[UHAR14] Uhart, M.; Patrouix, O.; Aoustin, Y.: Controlling the tape's gap in robotized fiber placement process using a visual servoing external hybrid control scheme: The International symposium Aircraft Materials (ACMA2014).

[ULRI01] Ulrich, H.; Schwaninger, M. (Hrsg.): Systemorientiertes Management. Das Werk von Hans Ulrich ; [Auszug aus dem Werk von Hans Ulrich]. Studienausg. Bern: Haupt, 2001.

[ULRI79] Ulrich, P.; Hill, W.: Wissenschaftstheoretische Grundlagen der Betriebswirtschaftslehre. In: Raffée, H.; Abel, B. (Hrsg.): Wissenschaftstheoretische Grundfragen der Wirtschaftswissenschaften. (Reihe: WiSt-Taschenbücher). München: Vahlen, 1979.

[WALK03] Walker, M.; Smith, R. E.: A technique for the multiobjective optimisation of laminated composite structures using genetic algorithms and finite element analysis. In: Composite structures. 62. Jg., 2003, Nr. 1, S. 123-128.

[WEAV19] Weaver, P. M.: Varicomp. URL: https://bernalinstitute.com/varicomp/ [Stand: 20.11.2019].

[WEGE10] Wegert, E.: Analytische Mathematik 4. Fourierreihe einer Rechteckschwingung. Skript. Tu Freiburg, 2010.

[WEIL17] Weiler, T.; Emonts, M.; Wollenburg, L.; Janssen, H.: Transient thermal analysis of laser-assisted thermoplastic tape placement at high process speeds by use of analytical solutions. In: Journal of Thermoplastic Composite Materials. 2. Jg., 2017, S. 089270571769778.

[WIEH11] Wiehr, C.; Seewig, J.: 3D-Kenngrößen nach ISO 25178. Fortschritte in der Metallographie: Vortragstexte der 45. Metallographie-Tagung. 14.-16. September 2011 in Karlsruhe. Frankfurt, M.: MAT-INFO, 2011.

[WITT15] Witte, A. W.: Einsatz optischer Messtechnik zur Qualitätssicherung eines Thermoplast-Wickelprozesses für die Faserverbundtankherstellung. 1. Aufl. Aachen: Apprimus, 2015.

[WU09] Wu, C.; Tatting, B. F.; Smith, B.; Stevens, R.; Occhipinti, G.; Swift, J.; Achary, D.; Thornburgh, R.: Design and Manufacturing of Tow-Steered Composite Shells Using Fiber Placement: 50th AIAA/ASME/ASCE/AHS/ASC Structures, Structural Dynamics, and Materials Conference 17th AIAA/ASME/AHS Adaptive Structures Conference 11th AIAA No, 2009.

[YANG01] Yang, F.; Pitchumani, R.: A fractal Cantor set based description of interlaminar contact evolution during thermoplastic composites processing. In: Journal of Materials Science. 36. Jg., 2001, S. 4661-4671.

[YANG02] Yang, F.; Pitchumani, R.: Healing of Thermoplastic Polymers at an Interface under Nonisothermal Conditions. In: Macromolecules. 35. Jg., 2002, Nr. 8, S. 3213-3224.

[YANG03] Yang, F.; Pitchumani, R.: Nonisothermal healing and interlaminar bond strength evolution during thermoplastic matrix composites processing. In: Polymer Composites. 24. Jg., 2003, Nr. 2, S. 263-278.

[ZANI10] Zaniboni, C.: Oligomere technologies for cost-effective processing high-performance polyphthalamide composites: ETH Zurich, 2010.

In der Reihe **Ergebnisse aus der Produktionstechnik** zuletzt erschienen:

Chavan, Prateek:
Substructuring Methods for Efficient Prediction of Spindle-Holder-Tool Assembly Dynamics
ISBN: 978-3-98555-160-6
Erscheinungsdatum: 05.06.2023

Ochel, Tim:
Prognostik zur Resilienzsteigerung im Werkzeugbau
ISBN: 978-3-98555-161-3
Erscheinungsdatum: 22.05.2023

Schneidermann, Dennis:
Orchestration von Vertrauen in interorganisationalen Wissensnetzwerken der Fabrikplanung
ISBN: 978-3-98555-153-8
Erscheinungsdatum: 15.05.2023

Greipel, Jonathan:
Grouping of Inspection Characteristics to Reduce Costs of Adaptive Inspection Planning in Variant Production
ISBN: 978-3-98555-157-6
Erscheinungsdatum: 03.05.2023

Welsing, Martin:
Bewertung der ökologischen Nachhaltigkeit von Produktionsnetzwerkkonfigurationen
ISBN: 978-3-98555-155-2
Erscheinungsdatum: 19.04.2023

Troß, Nico:
Mehrskalenmodellierung der thermomechanischen Werkzeugbelastung beim Trockenwälzfräsen
ISBN: 978-3-98555-158-3
Erscheinungsdatum: 19.04.2023

Beckers, Alexander:
Auslegung wirtschaftlich-technologisch optimierter Fertigungsprozessfolgen mittels prozessübergreifender Modellierung
ISBN: 978-3-98555-154-5
Erscheinungsdatum: 18.04.2023

Nicksch, Christoph:
Konfiguration verteilter Large-Scale Metrology Systeme in rekonfigurierbaren Montageumgebungen
ISBN: 978-3-98555-152-1
Erscheinungsdatum: 20.03.2023

Gipperich, Marius:
Untersuchung eines Zweistrahlprozesses als Ansatz zur Prozessstabilitätserhöhung des drahtbasierten Laserauftragschweißens
ISBN: 978-3-98555-151-4
Erscheinungsdatum: 15.03.2023

Ahmad, Mubarik:
Anregungsgerechte Auslegung und Tolerierung schnelllaufender Getriebe unter Berücksichtigung kurz- und langwelliger Verzahnungsabweichungen
ISBN: 978-3-98555-130-9
Erscheinungsdatum: 06.03.2023

Edition Wissenschaft
Apprimus

Motschke, Tobias:
Analyse und Modellierung der Dämpfungseigenschaften von Spindellagern
ISBN: 978-3-98555-148-4
Erscheinungsdatum: 06.03.2023

Frye, Maik:
Recommending Data Preprocessing Pipelines for Machine Learning Applications in Production
ISBN: 978-3-98555-147-7
Erscheinungsdatum: 15.02.2023

Schmidhuber, Matthias:
Sozio-technische Problemlösungsfähigkeit von PPS-Systemen
ISBN: 978-3-98555- 143-9
Erscheinungsdatum: 07.02.2023

Schwarberg, Thomas:
Bestimmung der Logik von Innovationsideen für technische Systeme
ISBN: 978-3-98555- 142-2
Erscheinungsdatum: 07.02.2023

Nienheysen, Philipp:
Werkstattgerechte Schadensanalyse in CFK-Strukturbauteilen mit optisch georteter Ultraschallmesstechnik
ISBN: 978-3-98555-136-1
Erscheinungsdatum: 30.01.2023

Kreß, Julian Maximilian:
Erbringung hybrider Leistungsangebote in Wertschöpfungsnetzwerken
ISBN: 978-3-98555-128-6
Erscheinungsdatum: 24.01.2023

Priwisch, Martin:
Kontaktfreie Bahnlaufregelung zur Herstellung funktionaler Mehrlagensysteme in einem kontinuierlichen Laminierprozess
ISBN: 978-3-98555-139-2
Erscheinungsdatum: 27.02.2023

Cremer, Sven:
Controlling der Migration in Produktionsnetzwerken
ISBN: 978-3-98555-145-3
Erscheinungsdatum: 09.02.2023

Ohlert, Marius:
Contact between Abrasive Media and Workpiece in Robot-guided Centrifugal Finishing
ISBN: 978-3-98555- 144-6
Erscheinungsdatum: 07.02.2023

Graberg, Tim:
Operationalisierung von digitalen Schatten im Werkzeugbau
ISBN: 978-3-98555-141-5
Erscheinungsdatum: 06.02.2023

Müller, Tobias:
Modellbildung mittels Symbolischer Regression zur Messunsicherheitsbestimmung komplexer Messprozesse
ISBN: 978-3-98555-146-0
Erscheinungsdatum: 30.01.2023

Behrens, Jan:
Selbstkalibrierung von 5-Achs-Bearbeitungszentren mit Dreh-/Schwenktisch
ISBN: 978-3-98555-124-8
Erscheinungsdatum: 24.01.2023

Edition Wissenschaft
Apprimus

FSC
www.fsc.org
MIX
Papier | Fördert gute Waldnutzung
FSC® C083411

Zeitfracht Medien GmbH
Ferdinand-Jühlke-Straße 7
99095 Erfurt, Deutschland
produktsicherheit@kolibri360.de